A Student's Guide to Data and Error Analysis

大学生理工专题导读
——数据与误差分析

〔美〕赫尔曼·J. C. 贝伦森（Herman J. C. Berendsen）　著
李亚玲　夏爱生　夏军剑　译

机械工业出版社

本书是一本关于数据处理与误差分析的实用手册。全书主要介绍了实验数据的表示以及实验误差和不准确性的重要概念和方法，包括引言、物理量及其不准确性的表示、误差的分类和传递、概率分布、实验数据处理、数据及其误差的图形处理、数据的拟合函数以及回归贝叶斯分析，侧重于如何在实验数据给定的条件下确定理论中的参数值和不准确性的最优估计。同时，为满足读者的进一步需求，本书在附录部分给出了背景资料和部分理论推导。全书内容结合了图形、应用实例和计算机程序，能使读者快速掌握科学数据的正确表示、处理和不确定性分析，涵盖了实验的所有重要组成部分，包括实用性指导、计算机程序（Python语言）以及实验误差处理和报告实验数据的方法。

　　本书内容广泛，实例丰富，简单实用，适用于理工科的本科生和研究生，也适用于统计数据分析的理论研究者以及对数据处理、误差分析及它们的应用感兴趣的读者。本书可以作为误差分析的教学用书，也可供实际应用参考。

译者序

　　本书是由荷兰格罗宁根大学的物理化学名誉教授赫尔曼·J.C.贝伦森编著的一本关于实验数据处理和数据误差分析的参考书。本书将数据和误差处理方法与各个领域的大量应用实例相结合，由浅入深、生动形象、通俗易懂。与实际问题相结合、包含丰富的图形和完整的程序、配备有大量的习题，这些特点大大提高了读者学习的效果和乐趣。同时本书兼具理论性和实用性，适用于不同需求的读者，同时加深了读者对数据处理和误差分析方法的理解。

　　我从2010年起就从事数学模型、数学实验课程的教学，一直想找一本比较浅显易懂的关于数据处理和误差分析的教学参考书。这本书就具有这样的特点。本人在翻译过程中得到了许多同事的帮助，在此表示真挚的感谢！

　　由于我们的水平有限，本书的翻译难免存在缺点和错误，真诚地欢迎读者批评指正。

李亚玲

导　读

　　本书可以帮助读者快速掌握如何恰当地处理并表示科学实验数据及其误差，简明实用，适用于所有修物理实验课以及工程实验课的学生，也可作为科研人员的参考书。它涵盖了实验的所有重要组成部分，包括实用性指导、计算机程序（Python 语言）以及处理实验误差的方法和实验数据报告。除了这些基本内容以外，本书还提供了很多背景资料帮助读者理解书中介绍的方法和原理。同时，书中配有大量的例题、习题和求解也可以帮助读者更进一步理解书中内容并检验理解程度。本书将用到的数据、表格和公式编辑到一个部分，便于读者参考。

　　赫尔曼·J. C. 贝伦森是荷兰格罗宁根大学的物理化学名誉教授，其最早的研究领域是核磁共振，之后致力于对生物体系的分子动力学模拟研究。他是这个领域的先驱之一，发表的相关文献被引用 37000 余次，是物理化学领域被引用次数最多的作者之一。赫尔曼·J. C. 贝伦森教授在世界各地教授分子建模的课程，并著有《模拟物理世界》一书（剑桥大学出版社，2007）。

前　言

　　本书主要介绍了实验数据的表示、实验误差以及不准确性的常用处理方法，适用于物理学、天文学、化学、生命科学和工程学领域的实验者。本书也适用于常常要对生成的模拟数据进行统计数据分析的理论研究者，他们用到的分析方法与实验数据的分析方法相同。本书侧重基于给定的实验数据，如何确定理论中参数的值和不准确性的最优估计，这也是大多数物理学家和工程师们常遇到的问题。很多书的内容中包括试验设计和假设检验，本书对此只是稍有涉及而未详细说明。

　　本书可以作为误差分析的教学用书，或者结合实验课使用，或者教师可以用此书单独开设数据分析与表示的课程。书中配有大量的例题以及习题，大部分学生也可以自学。同时，本书包含了一系列的"数据表"和计算机程序，因此也可供实际应用参考。

　　本书由四大部分内容构成。第 1 部分是本书的主体。这部分内容介绍了实验误差的常见统计分布，重点强调了如何处理误差才能正确计算报告结果的精度，同时也关注了物理数据及其单位的正确报告。在最后一章内容中，作者从贝叶斯观点的角度出发推断来自数据的知识，希望读者可以坐下来仔细思考。第 1 部分内容是具有实用性的，并没有过多讨论各种分析方法的理论背景，因此对数学功底扎实或者想要深入理解分析方法原理的读者会稍显不足。第 2 部分内容是附录，可以满足读者的求知欲：附录中包括对各种问题详细的解释以及第 1 部分内容中引用方程的推导过程，这部分内容需要用到更多的数学方法（特别是线性代数）。第 3 部分是 Python 代码。最后一部分是第 4 部分，以紧凑的"数据表"形式给出了大量含有实用信息的参考数据一览表。

　　运用计算机程序解决书中应用的计算问题非常方便，计算机程序贯穿了全书。统计数据分析有专业的软件包。作为一名教育工作者，我强烈建议不要使用专门的"黑匣子"软件包，滥用这些软件包会产生病态的结果。绝不能在不理解方法的情况下使用"黑匣子"计算机程序作为一个万能的替代品。要想使用软件包，则该软件包需要包含通用的数学工具以及图形工具，同时要以解释器而不是编译器作为交互方式。例如，MATHEMATICA、MATLAB 以及 Mathcad 这些商业软件包就非常好。但是，本书的大部分读者没有这些软件包的部分或者全部入口权限，只能通过机构获得暂时的入口权，但可能过了某个时间节点就又无法进入了。因此本书选择使用通用性好、更新及时、开源的解释性语言 Python。Python 语言具有矩阵处理能力、科学扩展 NumPy 以及 SciPy，其功能越来越接近商业数据包。与本书相关的软件可以在 www. hjcb. nl/下载，软件包含 PYTHON 模块 plotsvg. py，该模块提供了简单的绘图功能。

1997 年，*Goed meten met fouten*（Berendsen，1997）被格罗宁根大学物理化学系作为教材，本书是继 *Goed meten met fouten* 之后的又一荷兰教科书。Emile Apol、A. van der Pol 和 Ruud Scheek 为本书的内容提出了很多好的建议并做出了部分修正，作者在此表示诚挚的感谢。欢迎读者留言至 author@ hjcb. nl。

目 录 ====

译者序
导读
前言

第 1 部分　数据与误差分析

第 2 部分　附　　录

第 3 部分　Python 代码

第 4 部分　科 学 资 料

第1部分　数据与误差分析

第 1 章

引　言

　　在物理测量的过程中，不可避免地会产生误差。多数情况下，误差来自于测量仪器的偏差和不准确性，或者是由于显示设备读数的不准确性。但是，即使实验中用的是最好的仪器和显示设备，测量的数据也总会有波动。需要在一定温度下测量的量还会受到随机热噪声的影响。因此一定程度上，所有实验测得的量都具有不准确性。重复进行实验，测得的结果就会有所不同（较轻微）。可以说，一个具体实验的结果就是来自某个概率分布的一个随机样本。报告实验结果时，报告不确定度的范围也很重要，例如根据这个概率分布宽度测量的最优估计。如果已经对实验数据进行处理并得出结论，实验的不确定度就是评价该结论是否可靠的关键。

　　假设要报告的实验值是来自某个概率分布的随机样本，理想的情况下，应该先给出这个概率分布。但问题是实验只能做一次，即使实验中有很多观察值，但是要报告的是平均值，因此也就只能报告"一个"平均值。所以，要报告的量只有一个样本，从这个样本中自然也得不到潜在分布的任何信息。幸运的是，统计学给出了不同的答案。对变量 x 进行多次重复观察实验，得到观察值为 $x_1, x_2, \cdots, x_n$，而实验结果是 x_i 的平均值。假定该实验结果是一个服从某种分布的随机样本，统计学给出了如何估计该分布某些性质的方法。例如，可以估计分布的均值或者是分布中概率最大的值并把这个值作为测量结果，也可以估计分布的宽度来表示结果的随机不确定性。

　　一般情况下，实验结果并不是直接测量的量，而是由直接测量量的某个函数关系导出的量。例如，矩形的面积是直接测量矩形长和宽的乘积。每个测量量都有其估计值和随机误差，并且这些误差会通过函数关系（上例中为乘积关系）传递并影响最终结果，因此必须将这些误差合理的联合到一起作为结果的误差估计。

本书的目的就是给出基于测量值的实验结果中，如何实现值和随机误差的最优估计。作为一本实用手册，本书的主要部分只是陈述了等式关系以及过程，并没有衍生其他内容，这样可以避免实际应用时被不必要的细节干扰。但是第 2 部分附录中包含了更详细的说明以及统计背景下相关公式的推导。如果想要更深入学习，也有相关的参考书籍。

第 2 章主要介绍了测量结果的表示，包括其精度和单位。第 3 章对误差进行了分类，并描述了误差如何传递并结合到最终结果中。第 4 章为实验误差服从的几种常见概率分布。第 5 章阐述了如何定义数据列的特征以及如何使用这些特征实现结果值和精度的最优估计。第 6 章是数据的简单图形处理方法。第 7 章对数据进行更精确的模型参数最小二乘拟合。最后，第 8 章讨论了统计方法的哲学基础。传统的假设检验凭借的多是直觉，但贝叶斯方法更强大，它可以确定模型参数的概率分布。

○　大部分的参考书面向更广泛的读者，对物理学家和工程师来说可能参考价值不大。物理学家和工程师可以参考 Bevington 和 Robinson（2003）、Taylor（1997）、Barlow（1989）及 Petruccelli 等（1999）的相关书籍。

第 2 章

物理量及其不准确性的表示

本章的主要内容是实验结果的表示。实验报告不仅包括物理量的值，还包括该值的不确定度，并且要向读者说明是哪种不确定度，以及不确定度是如何估计的，还要考虑不确定度的值要有恰当的数字个数。同时，物理量的单位要符合国际标准。因此，本章讨论的就是如何报告实验结果：这是最后一个步骤，但是放在第一节来讲，之后再来介绍其他更重要的内容。

2.1 如何报告一系列测量值

大多数情况下，实验报告的结果基于一系列（相似）测量值，但不是报告每个直接测量出来的结果，而是报告希望"测量"物理量的最优估计。而该物理量是通过建立模型并从实验数据导出的。这实际上是一种数据约简方法。出版物要求必须明确给出从数据推导最终结果的方法。在特定情况下也可以报告数据本身的细节（一般放在附录部分或者作为"附加资料"），以便读者验证报告结果或者应用其他数据约简方法。

列出所有数据、直方图或者百分位数

将实验数据排成列或者制成表格是最全面的报告方式。几乎等价⊖的另一种方式是报告数据的累积分布函数（见 5.1 节）。一种稍不全面的方式就是在有限个区间上收集数据后报告直方图，这些区间

⊖ 不完全等价，因为数据点之间的连续性关系的信息丢失了。

也称为 bins。也可以报告累积分布的特定百分位数，这是一种更不全面的方式。常用的百分位数有 0%，25%，50%，75%，100% 所对应的值（也就是全域、中位数、第一四分位数和第三四分位数），箱线图就是这样的形式。参见下面的例子。

列出数据集的性质

列出所有数据、直方图或者百分位数都是基于排序的数据报告方法：先将数据按一定顺序排好。也可以报告数据集的性质，例如观察值的个数、平均值、与平均值的均方偏差或者是该值的平方根、相继观察值的相关性、疑似异常值等。注意，这里没有使用均值、方差、标准偏差这样的名称，这是因为均值、方差、标准偏差描述的是概率分布的性质，而不是数据集的性质，如果使用这些名称就会产生混淆。例如，假设数据集是来自某个概率分布的随机样本，该分布方差的最优估计不等于与平均值的均方偏差，而是略大 $\left(\text{也就是要乘以} \dfrac{n}{n-1}\right)$。参见 5.3 节。

例子：30 个观察值

假设要测量的量为 x 并且得到 30 个观察样本，结果见表 2.1。图 2.1、图 2.2 所示为这些数据的累积分布函数，其中图 2.2 的纵轴是概率标度，正态分布在该标度下是一条直线。图 2.3 所示为 6 个等距 bins 上的直方图。显然，这个样本的分布不均匀。

表 2.1 的数据和图 2.1、图 2.2 的累积分布由 Python 代码 2.1 生成，参见第 3 部分。

表 2.1   按增序排列的 30 个观察值

1	6.61	6	7.70	11	8.35	16	8.67	21	9.17	26	9.75
2	7.19	7	7.78	12	8.49	17	9.00	22	9.38	27	10.06
3	7.22	8	7.79	13	8.61	18	9.08	23	9.64	28	10.09
4	7.29	9	8.10	14	8.62	19	9.15	24	9.70	29	11.28
5	7.55	10	8.19	15	8.65	20	9.16	25	9.72	30	11.39

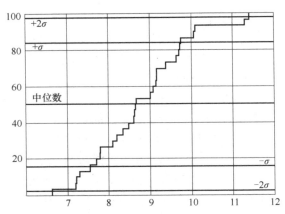

图 2.1 30 个观察值的累积分布函数。纵轴标度表示占总数的累积百分比

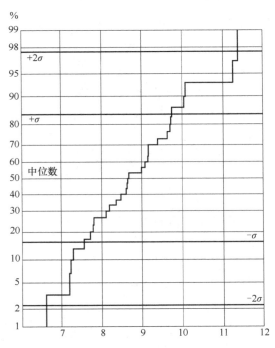

图 2.2 30 个观察值的累积分布函数。纵轴标度表示概率标度下占总数的累积百分比。正态分布在该概率标度下为一条直线

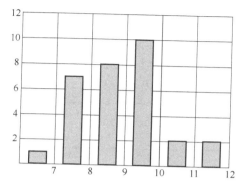

图 2.3　30 个观察值的直方图。数据集中分布在 6 个等距的 bins 上。纵轴标度给出了每个 bin 上观察值的个数

图 2.3 的直方图由 Python 代码 2.2 生成，参见第 3 部分。

数据集的性质一般包括：

（1）观察值个数：$n = 30$；

（2）平均值：$m = 8.78$；

（3）与平均值的均方偏差：$msd = 1.28$；

（4）与平均值的均方根偏差：$rmsd = 1.13$。

这些性质可以通过数组方法或者函数实现，参见 Python 代码 2.3。

还有一类基于排列的数据集性质：表示超过数据给定比例处的数值。例如中位数（50% 比例处）、第一四分位数（25% 比例处）、第三四分位数（75% 比例处）以及第 p 百分位数。如果有 $p\%$ 的数据的值小于或等于 x_p，且有 $(100-p)\% > x_p$ 成立则称 x_p 就是数据的第 p 百分位数。⊖全域为数据的最小值到最大值所确定的区间。图 2.4 所示为数据的箱线图，包括全域（线）和四分位数（箱）。

⊖　此处理解可能会模棱两可。第 p 百分位数有可能恰好是数据集中某个数值，比如数据集有 9 个数据，中位数就等于从小到大排第 5 个数据的值。一般情况下，百分位数会落在两个数据值之间，比如数据集有 10 个数据，中位数就会位于从小到大排第 5 和第 6 两个数据值之间，这时就会用到线性插值法了。

用一个简单的程序就可以确定一系列百分位数，参见 Python 代码 2.4。

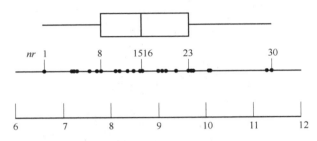

图 2.4　30 个观察值的箱线图，描述了所有数据的全域、中位数、第一四分位数、第三四分位数。注意中位数位于第 15 个和第 16 个观察值之间（每边 15 个观察值），取二者的平均值

2.2　数字的表示

十进制分隔符：逗号或者句点

英语以及所有"计算机语言"（还有中国、以色列、瑞士等国家的语言）中，十进制实数的整数和小数部分就是用十进制点来分隔的，也有很多国家的语言（欧洲其他的语言、俄语及相关语言）用的是十进制逗号。分隔符的使用要始终保持一致，按照自己国家语言要求就可以了。要将位数多的数分成三个数字一组的形式，有些语言可能用句点，有些语言可能用逗号，例如英语中会把 300000 写成 300，000，法语中会写成 300.000。因此，为了避免混淆，科学家们强烈建议不要用逗号或者句点分隔位数多的数，而是用空格来分隔成三个数字一组（如果文本编辑器可以用小空格的话更好），如 300 000⊖。

有效数字

表示最终测量结果时，数字位数必须要与结果的精度相一致，即

⊖　这是 IUPAC 建议，参见 http://old.iupac.org/reports/provisional/guidelines html # printing。

使结果的最后几位数字是零也一样。这些数字就是结果的有效数字。为尽量避免计算过程中修约误差的累积，中间结果就要有更高的精度。通常要表示出最终结果的精度，如果没有明确给出，则默认误差为最后一位数字±0.5。

例子（英语）

（1）1.65±0.5；

（2）2.500±0.003；

（3）35 600±200 或 (3.56±0.02)×10^4 更佳；

（4）如果已知不准确性并且其本身有足够的精度，则可以表示为5.627±0.036，否则该值应该记为5.63±0.04；

（5）已知阿伏伽德罗常数为 (6.022 141 79 ± 0.000 000 30) × $10^{23}\,mol^{-1}$ (CODATA 2006)，常简记为6.022 141 79(30)×$10^{23}\,mol^{-1}$；

（6）2.5 也就是 2.50±0.05；

（7）2.50 也就是 2.500±0.005。

（8）在更早的文献中有时会发现用下标$_5$的记法，表示不准确性大约为最后一位小数的四分之一：$2.3_5 = 2.35±0.03$，但是不建议采用这样的记法。

如果必须对不准确性进行修约时，要采用保守的方式。也是就说，一旦有怀疑，则要向上修约而不是向下修约。例如，如果在统计计算过程中不准确性为0.2476，修约后应为0.3，而不是0.2，如果要求保留两位小数，则是0.25。具体内容参见5.5节。需要注意的是，计算器不懂统计，因此由其得到的精度常常完全不符合实际。

2.3　不确定度的表示

结果的（不）准确性有多种表示方法。在报告之前首先要明确是哪种不准确性。一般情况下，如果没有进一步说明，通常会默认为概率分布估计的标准偏差或者均方根误差。

绝对误差和相对误差

不准确性有两种表示形式，一种是与所报告量的量纲相同的绝对值，一种是无量纲的相对值。绝对不准确性常以括号中的数字表示，与报告量的最后一位或几位数字有关。

例子

（1）2.52±0.02；

（2）2.52±1%；

（3）2.52（2）；

（4）$N_A = 6.022\ 141\ 79(30) \times 10^{23} \mathrm{mol}^{-1}$。

概率分布的应用

如果你可以把报告量 θ 的信息表示为这个量的一个概率分布，就能报告一个或者多个置信区间。这是贝叶斯分析（参见第 8 章）中常见的情形。如果概率分布估计明显偏离高斯形状并且方差或者标准偏差意义不大或者不具有信息性，报告一个量精度的最优方法就是置信区间。接下来给出期望（均值）这个量在分布下的贝叶斯估计以及置信区间，例如 90% 的置信区间。确定置信区间就要确定区间的两个端点，满足使得该报告量的值小于左端点值的概率为 0.05，大于右端点值的概率也为 0.05。为了便于读者理解分析，建议也要给出估计所基于独立试验的次数 n。

几种表示估计值 $\hat{\theta}$ 的方法：

（1）概率分布的均值或期望 $E(\theta) = \int \theta p(\theta) \mathrm{d}\theta$；

（2）中位数，也就是累积分布（参见 4.2 节）达到 50% 对应的值。真值比中位数小的概率等于比中位数大的概率；

（3）众数或最可能的值，也就是概率分布的最大值点。

这几种估计都类似，一般来说差别不显著，远小于标准偏差。对称分布下这几种估计值都相等。注意：任何情况下都要明确报告的是哪种估计方法。

例子

（1）在模拟实验中，"观察"某个事件的发生（例如蛋白质分子的构形变化），并且该事件在现实时间标度上是不可逆的。理论上认为，在非常小的一个时间段 Δt 内，该事件发生的概率是个常数 $k\Delta t$。

做 7 次这样的观察（发生的时间分别为 t_1，t_2，…，t_7），并且应用贝叶斯分析方法（参见第 8 章）导出 k 的概率分布。这个比率常数 k 的期望就是 $E(k) = 7/(t_1+t_2+\cdots+t_7) = 1.0\text{ns}^{-1}$，其分布记为 $p(k)$，累积分布记为 $P(k)$（参见图 2.5）。

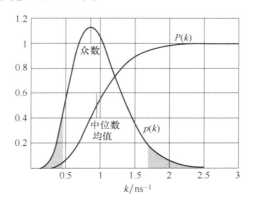

图 2.5 基于 7 次寿命观察下指数衰减中比率 k 的贝叶斯概率分布

该分布具有以下性质（小数位数足够多）：

1）均值为 1.00；这也是最优估计 $\hat{k}$。

2）中位数为 0.95。

3）众数为 0.86。

4）标准偏差，也就是与均值偏差的平方求期望再开方，即 $\hat{\sigma} = \sqrt{E[(k-\hat{k})^2]} = 0.38$。下面来看一下标准偏差是如何描述分布宽度的：如果是正态分布，落在区间 $(\hat{k}-\hat{\sigma}, \hat{k}+\hat{\sigma})$ 的累积概率为 68%；本例的贝叶斯分布落在区间 $(1-0.38, 1+0.38)$ 的累积概率为 69%。因此，分布的中心区域非常类似正态分布，在该范围内可以使用标准偏差，但是尾部会有很大不同。

5）90% 置信水平：$k(P=0.05) = 0.47$；$k(P=0.95) = 1.69$。也就是说 k 的值以 90% 的概率落在 $(0.5, 1.7)$ 内。

本例中，可以报告所有的"实验"值 t_1，t_2，…，t_7，读者可以由此得出自己的结论。实验结果有多种报告方式，最简单的就是 $\hat{k} =$

1.0±0.4，但是这种报告方式没有提供分布的信息，最好再给出置信区间和观察值的个数。例如，

90%贝叶斯置信区间＝(0.5，1.7)；$n=7$。

如果再详细一些，可以给出整个概率分布，如图 2.5 所示。

(2) 运用飞行时间法测定粒子束中 100 个粒子的速率。每个速率值都是来自同一个未知分布的样本。要确定该粒子束的两个性质：粒子束中所有粒子一维（正向）速率分布的均值和标准偏差。5.2 节给出了解决这类问题的方法。这 100 个测量值的特征为：平均值 $\langle v \rangle$ 为 1053m/s，与平均值的均方偏差 $\langle (\Delta v)^2 \rangle$ 为 2530m²/s²，其中 $\Delta v = v - \langle v \rangle$。我们希望给出每个性质的最优估计和标准误差，可以报告如下：

1）速率均值：(1053±5)m/s。

2）速率分布的 s.d.：(50±4)m/s。

注意：事先并不知道分布的方差，可以通过运用学生 t 分布（参见 5.4 节）来报告。

3）速率均值：1053m/s；90%t 分布置信区间＝(1045,1061)m/s，$v=99$。

本例中 t 分布的自由度非常大，t 分布与正态分布区别很小，几乎可以忽略不计，因此选择用 t 分布的置信区间报告的意义不大。用标准误差来报告反而更好。

2.4 单位的报告

SI 单位

物理量由两部分构成，一部分是数值及其不准确性，还有一部分是单位。报告时，物理量单位的选择要合理，符号要正确。国际上关于单位和符号有通用的协议，协议约定的单位体系就是"国际单位制"（SI）⊖。SI 单位是由 SI 基本单位 m、kg、s、A、K、mol、cd 导出的。文献中常会见到非 SI 单位（主要源自美国），但是应该养成严

⊖ 1960 年，由国际计量大会（Conférence Générale des Poids et Measures，CGPM）建立了国际单位制，简称 SI。

格遵守 SI 单位的习惯。因此，kJ/mol 不要写成 kcal/mol，nm（或者 pm）不要写成 Å，N 不要写成 kgf，Pa 不要写成 psi。

非 SI 单位

也允许使用非 SI 单位，例如：分钟（min）、小时（h）、天（d）、度（°）、分角（′）、秒角（″）、升（1L = 1dm³）、吨（1t = 1000kg），天文单位（1ua = 1.49597870×10¹¹ m）。化学家经常用到升这个单位：注意该单位的符号用的是大写字母 L，而不是小写字母 l（但是现在还很普遍）[⊖]。因此，毫升是 mL，而不是 ml。浓度的单位可以是 SI 单位 mol/m^3，也可以是 mol/L，但是已经不再使用 M 表示摩尔每升（＝mol/L）。需要注意的是，mol 中的字母 m 是小写，同时不含有字母 e，也就是不可以写成 mole。mole 是一个单位为 mol 的物理量的英文名称。还有一些非 SI 单位虽然没有官方认定，但是在特定环境中也经常使用。例如，海里（＝1852m）、节（海里/h）、公亩（100m²）、公顷（10⁴ m²）、埃（1 Å = 10⁻¹⁰ m）、靶恩（1b = 10⁻²⁸ m²）、巴（10⁵ Pa）。以下情况只能用官方记法：s 不能记为 sec，g 不能记为 gr，μm 不能记为 micron。注意单位中的大写字母：百万 Mega 中 M 不能用小写字母 m，千兆 Giga 中 G 不能用小写字母 g。最后，复杂单位不要用容易产生歧义的符号，例如：$kg \cdot m^{-1} \cdot s^{-1}$ 不能写成 kg/m/s 或者 kg/m·s。

排版惯例

排版也有约定的惯例，无论是科技文稿还是非正式报告都应该按照惯例排版。需要的话，现代文本编辑器都会用到罗马字体、斜体、粗体。规则很简单：

1）标量和变量用斜体；

2）单位和前缀用罗马字体（注意大小写）；

3）矢量和矩阵用斜体、粗体；

4）张量用无衬线粗斜体；

5）化学元素和数学中的常量、函数和算子等描述性名词用罗马字体。

⊖　CGPM 于 1979 年推荐使用。

例子

（1）输入电压 $V_{in} = 25.2 \text{mV}$；

（2）摩尔体积 $V_m = 22.4 \text{L/mol}$；

（3）作用于第 i 个粒子的力 $F_i = 15.5 \text{pN}$；

（4）氮的化学符号为 N，氮的分子式为 N_2；

（5）氮氧化合物 NO_x，其中 $x = 1.8$；

（6）$e = 2.718\cdots$，$\pi = 3.14\cdots$；

（7）$\boldsymbol{F} = m\boldsymbol{a} = -\mathbf{grad}V$；

（8）第 k 个物种的存活比率 $f_k^{surv}(t) = \exp(-t/\tau_k)$。

2.5 实验数据的图形表示

实验结果也经常用图形表示。在图中，用符号（中心）的位置 (x, y) 给出期望或者均值，用误差棒来表示 x 且/或者 y 的不准确性，误差棒的总长度为标准误差的两倍。当 x 和 y 可能都有实验误差时，通常其中一个（常为 x）会很精确，没必要画误差棒。图 2.6 和图 2.7 所示均为表 2.2 数据的图形表示。图 2.6 中，浓度随着时间的变化呈现指数型衰减，但是图 2.7 采用对数标度，其图像为一条直线。

表 2.2 反应物浓度与时间具有函数关系，不准确性为标准误差估计

t/s	$c/\text{mmol} \cdot L^{-1} \pm \text{s.d.}$
20	75±4
40	43±3
60	26±3
80	16±3
100	10±2
120	5±2
140	3.5±1.0
160	1.8±1.0
180	1.6±1.0

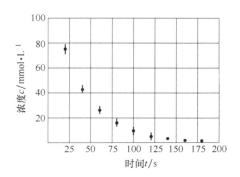

图 2.6　表 2.2 中反应物浓度与时间的线性坐标图，
误差棒代表±标准误差。所用数据参见表 2.2

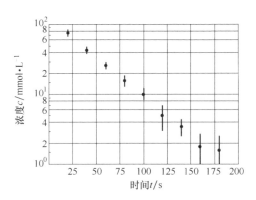

图 2.7　表 2.2 数据的对数坐标图

　　最后三个点的标准偏差很小，线性坐标图很难体现出来。但是在对数坐标图上，用误差棒表示值很小的 s. d. 以相对较长并且不对称的形式体现出来。请注意，最后两个点的误差棒向下延伸到了纵轴的最小刻度（1mmol/L）以下，因此图上显示的长度比实际要短。在对数标度下，负纵坐标值（也可能是随机误差的结果）根本体现不出来。

　　为了更加直观，一些作者会在误差棒的末端加上"须线"。但是，这样做并没有提供任何更多有用的信息，和无"须线"的误差棒没有什么区别。

通常，一个科学合理的图像应该包含横轴和纵轴表示的变量以及变量的单位。坐标轴上变量的单位应写在括号里：时间 $t(\mathrm{s})$；但是建议使用图2.6以及图2.7中的表示形式：时间 t/s，这种形式表示坐标轴上的数字表示的是无量纲量。这两种形式均可以，但要在文中保持前后一致。需要注意：正斜杠不能超过1条，例如 $E_{\mathrm{pot}}/\mathrm{kJ} \cdot \mathrm{mol}^{-1}$ 不能写成 $E_{\mathrm{pot}}/\mathrm{kJ}/\mathrm{mol}$ 的形式。

用计算机绘图软件可以绘制出精确的图形，但是大多数情况下只需要手绘一个草图，粗略了解一下函数关系和不准确性就可以了。

对数标度下生成图2.7，参见 Python 代码2.5。

小　结

本章主要介绍了在报告或出版物中如何正确地表示实验结果。正确的实验结果表示不仅包括有效数字符合精度要求的数值，同时还要明确数值的不准确性以及合理的单位。另外，变量、数字、单位和前缀都要按照惯例来排版。实验结果的表示常常要包含误差估计，并且说明不准确性的含义以及如何实现误差估计。

习　题

2.1　更正下列记法：

（a）$l = 3128 \pm 20\mathrm{cm}$；

（b）$c = 0.01532\mathrm{mol/L} \pm 0.1\mathrm{mmol/L}$；

（c）$\kappa = 2.52 \times 10^2 \mathrm{A} \cdot \mathrm{m}^{-2}/\mathrm{V} \cdot \mathrm{m}^{-1}$；

（d）$k/\mathrm{L} \cdot \mathrm{mol}^{-1}/\mathrm{s} = 3571 \pm 2\%$；

（e）$g = 2 \pm 0.03$。

2.2　将下列量转换为 SI 单位或者 SI 体系内的单位：

（a）压力为 1.30mmHg；

（b）压力为 33.5psi；

（c）浓度为 2.3mM（毫克分子）；

（d）原子间距离为 1.45Å；

（e）活化能为 5.73kcal/mol；

（f）每日所需能量为 2000kcal；

（g）力的大小为 125lbf；

（h）（吸收）辐射剂量为 20mrad；

（i）每 100 英里耗油量为 3.4（US）gal；

（j）偶极矩的大小为 1.85D；

（k）极化率为 1.440Å^3。请注意：采用有理 SI 单位，极化率 α 为诱发偶极矩（单位为 Cm）和电场（单位为 V/m）的比值；非有理 SI 单位下，极化率用体积单位来表示，为 $\alpha' = \alpha/(4\pi\varepsilon_0)$。

第3章

误差的分类和传递

实验结果中有误差和不确定度，后者不能避免。热噪声无处不在，导致测量结果的不精确。尽可能确定并修正可以避免的误差之后，本章将重点讨论复合函数关系中不确定度的传递与合成。

3.1 误差分类

实验结果中的误差有以下几种类型：

（1）（偶然的、愚蠢的或者有意的）错误；

（2）系统偏差；

（3）随机误差或者不确定度。

第一类误差我们将忽略。因为，偶然犯的错误可以通过仔细核对或者多次核对避免。愚蠢的错误也是偶然错误，已经被忽略了。有意犯的错误（例如选择符合自己目的的数据）故意误导读者，属于科学犯罪的范畴。

系统误差

系统误差具有非随机性的特征并且会导致测量结果失真。这种误差来自于测量仪器的错误或者不恰当的校准以及测量时的粗心（未修正视差、未修正零点偏差、未修正反应时间的时间测量等）、材料中的杂质，或是由于实验者没有意识到的原因。最后一种是最危险的，一旦与其他实验者在不同实验室得出的实验结果做比对时，这类错误很容易凸现出来。因此，在进行关键实验（例如推翻公认理论的实验）之前，要对实验结果进行单独论证。

随机误差或不确定度

本质上说，随机误差是不可预知的。仪器有限的读数精度就会引起这种误差，但是基本上是由物理噪声引起的，即热运动或者对单个事件随机计时引起的自然波动所导致。由于这类误差不可避免也不能预测，"误差"一词不能传达出其恰当的含义，因此我们更倾向于使用不确定度这一术语来表达测量结果与其真值的随机偏差。

如果多次重复测量，结果将在平均值周围呈现出某种分布，由此可以得出平均值不准确性的估计。假设概率分布服从某种统计关系，测量值是来自这个概率分布的样本，则从中可以得到处理不确定度的法则。如果只有一个测量值的情况下，需要通过测量仪器的信息估计不确定度。例如，用直尺测量长度，读数精确到±0.2mm；用游标卡尺测量长度，读数精确到±0.05mm。化学家从滴定管或量筒上读取液位后，可以以±0.3 刻度值的精度估计体积。请注意数字仪器的精度：通常，它们显示的数字要比其精度能确保的更多。可靠商用仪器的精度通常由制造商给出，有时作为一个单独的校准报告。通常也会给出最大误差，最大误差具有（部分）系统性特征，并且比标准偏差大。

知道哪里会出现误差

作为一个实验者，应该对实验的固有误差有一定的直觉。因此，应该能够将注意力集中在最关键的部分，并平衡各种影响因素的精度。假设你是一个化学家，通过从注射器加入液体来进行滴定，并在滴定前后对注射器进行称重。这个测重（数字）应该精确到什么程度？如果滴定结束时用一滴液体（如 10mg）做标记，则使用 3 位小数的天平就足够了（测量到±1mg）。使用更好的天平只会浪费时间和金钱！如果你是一个物理学家，测量 1ns 光脉冲后随时间变化的荧光反应，就足以分析 100ps 间隔的放射。使用高分辨率会浪费时间和金钱！

3.2　误差传递

通过函数传递

一般来讲，基于一系列测量值的最终结果是一个或者多个测量量的函数。例如，如果测量矩形平面物体的长度 l 和宽度 w，周长 $C = 2(l+w)$ 和面积 $A = lw$ 都是 l 和 w 的简单函数。假设 l 和 w 的偏差是相互独立的，标准不确定度分别是 Δl 和 Δw，那么 C 以及 A 的标准不确定度是多少？平衡反应中标准吉布斯函数的变化 ΔG^0 是一个更为复杂的关系：

$$\Delta G^0 = -RT\ln K \qquad (3.1)$$

其中，K 是测量的平衡常数，R 是气体常数，T 是绝对温度。给定 K 的标准不确定度，ΔG^0 的标准不确定度是多少？如果二聚反应 $2A \rightleftharpoons A_2$ 的平衡常数 K 取决于测量浓度 $[A]$ 和 $[A_2]$：

$$K = \frac{[A_2]}{[A]^2} \qquad (3.2)$$

假设 $[A]$ 和 $[A_2]$ 的偏差是相互独立的，给定 $[A]$ 和 $[A_2]$ 的标准不确定度的情况下，如何确定 K 的标准不确定度？如果 $[A]$ 和 $[A_2]$ 的偏差不独立，又如何来确定？例如，如果我们是独立测量的总浓度 $[A]+2[A_2]$ 与 $[A_2]$。

这就需要讨论不确定度的传递。从微分入手。

如果 x 的标准不确定度是 σ_x，则 $f(x)$ 的标准不确定度 σ_f 为

$$\sigma_f = \left| \frac{df}{dx} \right| \sigma_x \qquad (3.3)$$

例子

以式（3.1）为例。已知 $T = 300K$，测得 $K = 305 \pm 5$，由此得 $\Delta G^0 = 14.268\text{kJ/mol}$。$\Delta G$ 的标准不确定度 $\sigma_{\Delta G}$ 就变成 $(RT/K)\sigma_K = 41\text{J/mol}$。结果记为 $\Delta G^0 = (14.27 \pm 0.04)\text{kJ} = \text{mol}$。

独立项的合成

如果结果（如两个变量的和）中的不确定度是由两个或者更多个独立测量量的不确定度组成的，那么这些不确定度必须要通过一个恰当的方式进行合成。将标准不确定度进行简单的相加显然是不合理的：由相互独立的不同原因导致的偏差可以+也可以-，这样常常会相互部分抵消。不确定度"加起来"的一个正确的方法为单个不确定度平方和的平方根。更具体地说，标准偏差 σ 适用于这种方法：当 $f =$

$x+y$ 时，

$$\sigma_f^2 = \sigma_x^2 + \sigma_y^2 \qquad (3.4)$$

即，独立不确定度按平方相加，原因参见附录 A。

一般情况下，如果 f 是 x，y，z，$\cdots$ 的函数，则

$$\sigma_f^2 = \left(\frac{\partial f}{\partial x}\right)^2 \sigma_x^2 + \left(\frac{\partial f}{\partial y}\right)^2 \sigma_y^2 + \cdots \qquad (3.5)$$

由式（3.5）可知，对于加法和减法，是绝对不确定度按照平方相加；对于乘法和除法，是相对不确定度按照平方相加。表 3.1 给出了在测量量独立的前提下，式（3.5）的例子。

表 3.1　标准不确定度在组合量或函数中的传递

$f=x+y$ 或 $f=x-y$	$\sigma_f^2 = \sigma_x^2 + \sigma_y^2$
$f=xy$ 或 $f=x/y$	$(\sigma_f/f)^2 = (\sigma_x/x)^2 + (\sigma_y/y)^2$
$f=xy^n$ 或 $f=x/y^n$	$(\sigma_f/f)^2 = (\sigma_x/x)^2 + n^2(\sigma_y/y)^2$
$f=\ln x$	$\sigma_f = \sigma_x/x$
$f=e^x$	$\sigma_f = f\sigma_x$

例 1　以式（3.2）为例。如果 ［A］ 和 ［A_2］ 的偏差是相互独立的，那么 $K = \dfrac{[A_2]}{[A]^2}$ 的标准偏差是多少？根据表 3.1 中 x/y^n 的法则，有

$$\left(\frac{\sigma_K}{K}\right)^2 = \left(\frac{\sigma_{[A_2]}}{[A_2]}\right)^2 + 4\left(\frac{\sigma_{[A]}}{[A]}\right)^2$$

假设已经测得 ［A_2］ $= (0.010 \pm 0.001)$ mol/L，［A］ $= (0.100 \pm 0.004)$ mol/L，则 K 的相对标准偏差为 $\sqrt{(0.1)^2 + 4(0.04)^2} = 0.13$，结果为 $K = (1.0 \pm 0.1)$ L/mol。

例 2　仍以式（3.2）为例。总浓度 ［A］$+2$［A_2］ 与 ［A_2］ 的偏差是相互独立的，$K = \dfrac{[A_2]}{[A]^2}$ 的标准偏差是多少？

对独立变量重命名：

$$x = [A] + 2[A_2], \quad y = [A_2]$$

则

$$K = \frac{y}{(x-2y)^2}$$

根据一般规则式（3.5），可得

$$\sigma_K^2 = (x-2y)^{-6}(4y^2\sigma_x^2 + (x+2y)^2\sigma_y^2)$$

假设已经测得二聚体浓度为 $y = (0.010 \pm 0.001) \text{mol/L}$，A 的总浓度为 $x = (0.120 \pm 0.005) \text{mol/L}$，则 K 的方差为

$$\sigma_K^2 = 400\sigma_x^2 + 19600\sigma_y^2 = 0.030$$

所以标准偏差为 $\sqrt{0.030} = 0.17$，结果为 $K = (1.0 \pm 0.2) \text{L/mol}$。

相关项的合成：协方差

如果不确定度相互不独立，x, y 之间的协方差就非常重要了（具体参见附录 A）：

$$\sigma_f^2 = \left(\frac{\partial f}{\partial x}\right)^2 \sigma_x^2 + \left(\frac{\partial f}{\partial y}\right)^2 \sigma_y^2 + 2\frac{\partial f}{\partial x}\frac{\partial f}{\partial y}\text{Cov}(x,y) + \cdots \qquad (3.6)$$

x, y 的协方差定义参见附录 A，记为 $\text{Cov}(x, y)$。

随机偏差引起的系统误差

如果函数 $f(x)$ 在 x 的不确定度分布区域中明显弯曲（二阶可导）时，f 中就会出现系统偏差：期望值 $E[f(x)]$ 不等于 $f(E(x))$。这在实践中一般不太重要。详见附录 B。

蒙特卡罗方法

有时候，结果与导致结果产生的各种原因之间的函数关系并不能显式表达。例如，给定温度、气压、成分等的大量观察值，通过预测模型来预测明天的天气。已知输入数据的不确定度，预测的不确定度是多少？在确定性模型（与随机模型相反）中，输入数据与结果之间存在函数关系，但它含有大量相关和依赖关系，非常复杂并且隐晦。不确定性的传递与结果与每个输入数据变化的敏感度有关。

计算机可以帮助解决我们这样的问题。当输入参数的数量相对较小时，可通过对每个输入参数构造一个小步长（最好是在两个方向）来得到式（3.6）中要求的导数值。输入参数数量大的情况下，这种

方法就不太可行了。可以通过从输入数据的（已知）不确定度分布中随机选择多个输入数据组合来得到结果中的不确定度。计算出的输出值就是要找的不确定度分布的样本。使用随机数生成结果的方法通常称为蒙特卡罗方法。[⊖]

下面举一个简单的例子。

假如你是一位化学家，想确定溶液中缔合反应的平衡常数。

$$A+B \Longrightarrow AB$$

为此，你将（5.0±0.2）mmol 的 A 物质溶解于（100±1）mL 的溶剂中，将（10.0±0.2）mmol 的 B 物质溶解于（100±1）mL 的溶剂中，然后将两种溶液混合。用光谱法测定 AB 的浓度 x（AB 在既不吸收 A 也不吸收 B 的光谱区域有吸收带），得出 $x=(5.00±0.35)$ mmol/L。给出的不确定度均为假定的正态分布标准偏差。平衡常数 K 的值是多少？它的标准不确定度是多少？

平衡常数为

$$K=\frac{[AB]}{[A][B]}\tag{3.7}$$

其中，$[A]$ 为 A 的浓度，其他亦如此。因此，

$$K=\frac{x}{(a/(V_1+V_2)-x)(b/(V_1+V_2)-x)}\tag{3.8}$$

其中，a 为最初溶解于体积 V_1 中 A 的量，b 为溶解于体积 V_2 中 B 的量，x 为 AB 的测量浓度。当然，用标准方法式（3.5）从数据中确定 K 的值及其不确定度是可行的，但使用蒙特卡罗方法更容易。首先，对每个输入变量 a，b，V_1，V_2，x 生成 n（如 $n=1000$）个正态分布随机数，用这些值来求均值和标准偏差（每个输入变量是一个长度为 n 的数组），在数组上应用式（3.8）即可。输出的 K 是 K 的概率分布的样本构成的数组。由此可得

⊖ 蒙特卡罗方法可以应用在很多领域，尤其是统计学、统计力学和数学中的多维定积分。它们用于从给定的多维分布生成样本。通常一个随机步骤后面跟着一个可接受准则，允许集中在探索的多维空间"重要"区域有效的有偏随机搜索，参见 Hammersley 和 Handcomb（1964）；有关分子模拟的应用，参见 Frenkel and Smith（2002）。

$$K = (5.6 \pm 0.6) \, \text{L/mol} \tag{3.9}$$

图 3.1 所示为在概率标度下 K 的累积分布（概率标度下，正态分布呈一条直线）。

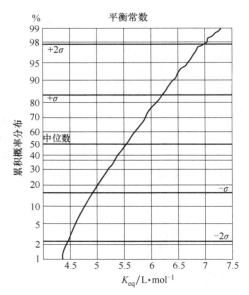

图 3.1 基于 1000 个样本蒙特卡罗生成式（3.8）结果的累积概率分布函数

可以看出，分布在 $\mu \pm \sigma$ 之间相当于正态分布，但在 $\mu \pm 2\sigma$ 以外与正态分布是有偏差的。这是因为 K 和输入变量之间呈非线性关系。因此，蒙特卡罗方法具有以下优点：由于非线性引起结果分布的畸变以及系统误差会立即显现出来。后者可视为分布的均值与直接从输入值计算并且无附加噪声值之间的差异。

本例中蒙特卡罗样本和图像的生成，参见 Python 代码 3.1。

小 结

本章区分了系统误差和随机误差，后者就是结果中的不确定度。在和或差中，随机误差都是以平方相加（即，结果的不确定度是各项不确定度平方和的平方根）。在乘积或者商中，相对随机误差是以平方相加。表 3.1 也包含了其他函数关系。一般来说，函数 $f(x)$ 中 x 的误差通过与导数 $\partial f/\partial x$ 的乘积来传递，参见式（3.3）和式（3.5）。如果输入数据的误差是相关的，还要考虑到它们的协方差。当函数关系是强非线性的，随机误差可能会引起系统偏差。要研究复杂情况下误差的传递，蒙特卡罗方法是一个非常好的选择：从相应概率分布中随机生成输入参数，从而生成数量很大的结果样本。

习　　题

3.1　进行下列运算，并给出结果以及标准偏差。各个量的标准偏差用±给出，它们是相互独立的。

（a）$15.000/(5.0\pm0.1)$；

（b）$(30.0\pm0.9)/(5.0\pm0.2)$；

（c）$\log_{10}(1000\pm2)$；

（d）$(20.0\pm0.3)\exp[-(2.00\pm0.01)]$。

3.2　一级化学反应的半衰期时间 $\tau_{1/2}$ 由四个不同的温度确定。这些温度值是精确的，$\tau_{1/2}$ 的标准不确定度为

温度/℃	半衰期 $\tau_{1/2}/\mathrm{s}$
510	2000±100
540	600±40
570	240±20
600	90±10

确定每个温度下的速率常数 k 和 $\ln k$（单位是什么？）以及它们的标准不确定度。画出 $\ln k$ 与绝对温度倒数的关系图（含误差棒），以及在对数标度下 k 与绝对温度倒数的关系图（含适当误差棒），请将二者进行对比。

3.3　重力加速度 g 的值为 $g=4\pi^2 l/T^2$。假设要确定 g 的值，需要测量钟摆的长度 l 和振荡周期 T。现测得 $T=(2.007\pm0.002)\,\mathrm{s}$，

$l = (1.000 \pm 0.002)\,\text{m}$，试确定 g 的值及其标准不确定度。

3.4 根据 Eying 方程，化学反应的吉布斯函数 $\Delta G^{\ddagger}$ 可以由速率常数 k 得出。即

$$k = (k_B T / h)\exp(-\Delta G^{\ddagger}/RT)$$

其中，k_B 是玻尔兹曼常数，h 是普朗克常数，R 是气体常数（参见第 4 部分物理常数，或者使用 Python 模块 physcon. py）。

（a）如果速率常数 k 的不确定度为 10%，那么 $\Delta G^{\ddagger}$ 的不确定度是多少？

（b）讨论温度的不确定度如何传递到 $\Delta G^{\ddagger}$。

（c）如果 $\Delta G^{\ddagger} = 30\text{kJ/mol}$ 且 $T = 300\text{K}$，温度的不确定度为 5℃，那么结果 $\Delta G^{\ddagger}$ 的不确定度有多大？

3.5 （本习题涉及附录 B）

生成一个包含 1000 个球体体积样本的数组，其中半径为来自均值为 1.0mm 且标准偏差为 0.1mm 的正态分布样本。将分布的均值与半径为 1.0mm 的球体体积进行比较，讨论其是否是一个有偏结果以及偏差的显著性。画出概率标度下的体积累积分布。

第4章

概率分布

实际上，每一个测量值都是来自某个概率分布的一个随机样本。要想得到实验结果的精度，就必须对潜在概率分布有一定的认知。本章探讨概率分布的性质并详细介绍几个最常用的分布。最重要的分布就是正态分布，但绝不是因为中心极限定理告诉我们，许多随机扰动之和的极限分布就是正态分布。

4.1 简介

量 x 的每个测量值 x_i 都可以看作来自 x 概率分布 $p(x)$ 的随机样本。测量值是来自一个分布的随机样本，要想分析测量量的随机偏差，必须要对这个潜在概率分布有一定的认知。

如果 x 只能取离散的值 $x = k$，$k = 1$，2，$\cdots$，n，则 $p(k)$ 是一个离散的概率分布（通常称为概率质量函数，pmf），并且 $p(k)$ 表示任意样本取值为 k 的概率。如果 x 是一个连续型变量，则 $p(x)$ 是一个连续函数：概率密度函数，pdf。$p(x)$ 的含义是：一个样本 x_i 出现在区间 $(x, x+\mathrm{d}x)$ 上的概率等于 $p(x)\mathrm{d}x$。

概率密度函数（或概率质量函数）定义在随机变量所有可能取值确定的区域上。函数值本身是一个非负实数，并且函数在区域上的积分（如果是离散分布，则求和）等于 1，即 pdf（或者 pmf）具有规范性。pdf 也可以是多维的，即函数有一个、两个或者更多个变量。因此联合 pdf $p(x,y)$ 表示样本 x_i 落在区间 $(x, x+\mathrm{d}x)$ 上并且样本 y_i 落在区间 $(y, y+\mathrm{d}y)$ 上的概率为 $p(x,y)\mathrm{d}x\mathrm{d}y$。如果 pdf $p(x,y)$ 在一个变量

上积分，如 y，则结果的 pdf 被称为关于 x 的边缘 pdf；再乘以 dx 表示 x_i 落在区间 $(x, x+dx)$ 上的概率，与 y 值无关。在约束条件下也可以定义概率，例如 $p(x|y)$ 就是在给定 y 值的条件下，关于 x 的条件概率。条件概率只在 x 与 y 有某种联系的前提下才有意义：如果它们相互独立，$p(x|y)$ 显然不依赖于 y，即

$$p(x|y) = p(x) \quad (x \text{ 与 } y \text{ 相互独立}) \tag{4.1}$$

下列关系式成立：

$$p(x,y) = p(x)p(y|x) = p(y)p(x|y) \tag{4.2}$$

$$p(x,y) = p(x)p(y) \quad (x \text{ 与 } y \text{ 相互独立}) \tag{4.3}$$

其中，$p(x)$ 和 $p(y)$ 是边缘分布

$$p(x) = \int p(x,y)\,dy \tag{4.4}$$

$$p(y) = \int p(x,y)\,dx \tag{4.5}$$

这里的积分是指在变量 y 或者 x 的整个区域上的积分。

第 4 部分的概率分布总结了一维和二维连续概率函数的性质。

本章只讨论几个常见的一维概率分布：二项分布、泊松分布、正态分布等。前两个是离散分布，后者为连续分布。下一章探讨的就是给定一系列测量样本，如何得出潜在概率分布性质的最优估计。但是要想得到真实的精确分布，需要无限多的样本，这是不可能实现的。

另外，我们将 pdf 的符号记为 $f(x)$（而不是 $p(x)$），这是因为本章讨论的概率函数是基于对产生样本的统计过程中可能结果出现频率计数。对概率 $p(x)$ 的一般理解可能包含基于信念的概率或者考虑到所有已知信息下的最优估计。这两种对概率的理解形成鲜明对比。第 8 章阐述了这个问题。

4.2 概率分布的性质

规范性

无论是连续型概率密度函数 $f(x)$，还是离散型概率质量函数 $f(k)$

都具有规范性，即所有概率（在样本值的可能域上$^\ominus$）的和为 1，即

$$\int_{-\infty}^{+\infty} f(x)\,\mathrm{d}x = 1 \tag{4.6}$$

$$\sum_{k=1}^{n} f(k) = 1 \tag{4.7}$$

一般情况下，假设连续概率密度函数 $f(x)$ 中 x 值的可能域为全体实数，即区间 $(-\infty, +\infty)$，但是有的密度函数可能域不同，例如 $[0, 1]$ 或者 $[0, +\infty)$。概率永远是非负的：$f(k) \geqslant 0$，$f(x) \geqslant 0$。

期望、均值和方差

$f(x)$ 是 x 的概率密度函数，$g(x)$ 是 x 的函数，则 $g(x)$ 的期望（有时也称期望值）$E(g)$ 定义为

$$E(g) = \int_{-\infty}^{+\infty} g(x)f(x)\,\mathrm{d}x \tag{4.8}$$

离散情况下，函数的期望为

$$E(g) = \sum_{k=1}^{n} g(k)f(k) \tag{4.9}$$

我们用符号 $E(\ )$ 表示 E 是一个函数，即复合函数。因此 x 的均值（常常用 μ 来表示）等于 x 本身基于密度函数的期望。于是有

$$\mu = E(x) = \int_{-\infty}^{+\infty} xf(x)\,\mathrm{d}x \tag{4.10}$$

离散情况下，期望为

$$\mu = E(k) = \sum_{k=1}^{n} kf(k) \tag{4.11}$$

概率分布的方差 σ^2 为与均值平方偏差的期望：

$$\sigma^2 = E[(x - \mu)^2] = \int_{-\infty}^{+\infty} (x - \mu)^2 f(x)\,\mathrm{d}x \tag{4.12}$$

离散情况下，方差为

$$\sigma^2 = E[(k - \mu)^2] = \sum_{k=1}^{n} (k - \mu)^2 f(k) \tag{4.13}$$

$\ominus$　该可能域是指 k 或者 x 的可能取值构成的集合，一系列样本的范围是指数据集中最大值与最小值的差。区间是下限和上限之间值的集合，如果限本身是包含在内的，区间限处用 [ ] 表示，如果不包括在内，则用 ⟨ ⟩，如果区别不大，用的是普通括号 ( )。

σ^2 的平方根称为标准偏差（s. d.）σ。有时 s. d. 也被称为 "rms（均方根）偏差"。实验结果不确定度分布的标准偏差（s. d.）称为标准不确定度、标准误差或者 r. m. s. 误差。

矩和中心矩

矩和中心矩是定义在概率分布上最重要的平均值，同分布的一阶矩和二阶矩有关。分布的 n 阶矩 μ_n 定义为

$$\mu_n = E(x^n) \tag{4.14}$$

中心矩的定义与分布的均值有关，一般更有用。n 阶中心矩定义为

$$\mu_n^c = E[(x-\mu)^n] \tag{4.15}$$

二阶中心矩就是方差。每 σ^3 单位下的三阶中心矩称为偏度，每 σ^4 单位下的四阶中心矩称为峰度。因为正态分布的峰度等于 3（参见 4.5 节），所以将与正态分布峰度的偏差定义为超量$^{\ominus}$：

$$偏度 = E[(x-\mu)^3/\sigma^3] \tag{4.16}$$

$$峰度 = E[(x-\mu)^4/\sigma^4] \tag{4.17}$$

$$超量 = 峰度 - 3 \tag{4.18}$$

累积分布函数

累积分布函数（cdf）$F(x)$ 表示不超过 x 的概率为

$$F(x) = \int_{-\infty}^{x} f(x')\,dx' \tag{4.19}$$

离散情况下，累积分布函数为

$$F(k) = \sum_{l=1}^{k} f(l) \tag{4.20}$$

请注意，累积和 $F(k)$ 包括值 $f(k)$。函数 $1-F(x)$ 称为生存函数（sf），表示超过 x 的概率为

$$sf(x) = 1 - F(x) = \int_{x}^{+\infty} f(x')\,dx' \tag{4.21}$$

离散情况下，生存函数为

$$sf(k) = 1 - F(k) = \sum_{l=k+1}^{n} f(l) \tag{4.22}$$

$\ominus$　有的书将超量称为峰度或者峰度系数。

根据以上定义，很容易可以看出

$$f(x) = \frac{dF(x)}{dx} \tag{4.23}$$

$$f(k) = F(k) - F(k-1) \tag{4.24}$$

函数 F 是单调递增的，在区间 $[0, 1]$ 上取值。要想确定置信区间和置信限就必须要知道累积分布函数 F 及其反函数 F^{-1}。例如，x 落在 $x_1 = F^{-1}(0.25)$（即 $F(x_1) = 0.25$）与 $x_2 = F^{-1}(0.75)$（$F(x_2) = 0.75$）之间的概率是 50%。超过 x 某个值的概率为 1%，则该值等于 $F^{-1}(0.99)$，也就是 $F(x) = 0.99$。$F^{-1}(0.5)$ 为分布的中位数，也就是 $F(x) = 0.5$ 对应的 x 的值；$F^{-1}(0.25)$ 以及 $F^{-1}(0.75)$ 为分布的第一四分位数和第三四分位数。同样也可以定义十分位数和百分位数。如果 $F(x) = q$，则第 q 分位数就等于 x。

特征函数

每一个概率密度函数 $f(x)$ 都对应一个特征函数 $\Phi(t)$，其表达式为

$$\Phi(t) \overset{\text{def}}{=} E(e^{itx}) = \int_{-\infty}^{+\infty} e^{itx} f(x) \, dx \tag{4.25}$$

特征函数有助于从数学角度分析概率函数。例如，它在 t 处的级数展开生成分布的矩。对于一般的统计数据处理则不需要特征函数。感兴趣的读者如果不熟悉傅里叶变换，可以参考附录 C 的详细内容。

术语

概率分布这个词具有一般意义，是指任何一种离散型或者连续型概率函数。但是，分布函数一词特指累积分布函数 $F(x)$，而不是连续概率密度函数 $f(x)$ 或者离散概率质量函数 $f(k)$。为避免混淆，分布函数一定要加上"累积"一词。如果想表达"概率密度"时，用"概率密度函数"一词替代"概率分布"。

分布函数的数值

一般情况下，统计分析表都会给出密度函数以及累积函数。在 Beyer（1991）、Abramowitz 与 Stegun（1964）以及化学物理手册（CRC 手册）中都包含这些。计算机程序包可以更简单、更准确地得到相应的值。Python 扩展 SciPy 提供一个包含 80 多个连续分布和 12

个离散分布的程序包"stats"，由每个分布都可以调用概率密度函数（pdf）、累积分布函数（cdf）、生存函数（sf）、百分点函数（ppf，cdf 的反函数）和逆生存函数（isf），也可以得到随机变量（rvs）以及一般统计性质。

4.3 二项分布

定义和性质

假设要测量的是一个二元量，即这个量只能取两个值中的一个（如 0 或 1，假或真）并且每次测量取 1（或者真）的概率为 p，则 n 次测量中有 k 次的结果为 1 的概率为

$$f(k;n) = \binom{n}{k} p^k (1-p)^{n-k} \tag{4.26}$$

其中

$$\binom{n}{k} = \frac{n!}{k!(n-k)!} \tag{4.27}$$

为二项式系数"n 选 k"，表示从 n 个元素的集合中选取 k 个元素的方法数。从两个可能结果中以概率 p 选一个的随机过程称为伯努利试验。二项分布的几个重要性质如下：

$$\text{均值:} \mu = E(k) = pn \tag{4.28}$$

$$\text{方差:} \sigma^2 = E[(k-\mu)^2] = p(1-p)n \tag{4.29}$$

$$\text{s.d.:} \sigma = \sqrt{p(1-p)n} \tag{4.30}$$

具体过程参见附录 D。

方差与观察数成比例

方差与观察的总数 n（称为样本容量）成比例。因此，相对标准不确定度与样本容量的平方根成反比例。要记住这个重要的经验法则：对于一个 100 倍大的样本容量来讲，相对不确定度会变小为原来的 1/10。我们可以通过更多的实验来提高精度。

请注意，如果 p 很小，标准偏差就近似等于观察事件数的均值 np 的平方根。如果观察到 100 次几乎很少发生的事件，则观察数中的

s. d. 为 10，或者 10%；如果观察了 1000 个事件，则 s. d. 是 32 或者 3. 2%。如果想要达到 10 倍的精度，则观察时间要有 100 倍的时长。

例子

下面举几个二项分布的例子。图 4.1 表示抛掷硬币 10 次中有 k 次 "人头" 向上的概率，假设每次投掷硬币 "人头" 向上的概率为 0. 5。图 4. 2 表示将一个完美的骰子投掷 60 次，得到 k 次 "6 点" 的概率。可以看出，虽然单个事件的概率远不是对称的 0. 5，但是事件数量越多，分布变得越对称。

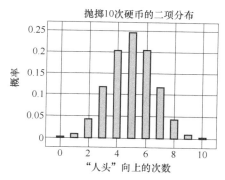

图 4.1　抛掷硬币 10 次中有 k 次 "人头" 向上的概率

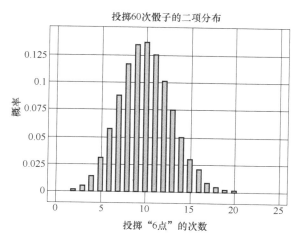

图 4. 2　投掷骰子 60 次中有 k 次 "6 点" 的概率

图 4.3 所示是关于"超感知觉"（ESP）实验，超心理学家常常用来研究心电感应的可能性。[⊝] 实验中的"齐纳卡片"包括五种数量相等的卡片，共 25 张，每种卡片上有一个简单的图案：正方形、圆形、十字形、星形和波浪线），每种的数量都相等。"发卡者"从充分混合后的"齐纳卡片"中依次选择一张，并记住图案；"接卡者"不能看到卡片，但需要猜测卡片的图案并记录下来。假设心电感应并不存在，猜对的概率是 0.2，平均可以猜对 5 张卡片。猜对多于 k 张卡片的概率为二项生存函数（sf），也就是 1 减去累积分布函数（cdf）。cdf 和 sf 的准确含义为

$$\text{cdf}: F(x): P\{k \leq x\} = F(x) \tag{4.31}$$

$$\text{sf}: 1-F(x): P\{k > x\} = 1-F(x) \tag{4.32}$$

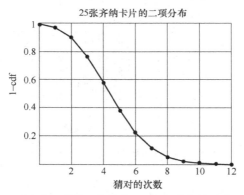

图 4.3 "生存函数"，也就是 25 次实验中猜对多于 k 张齐纳卡片的概率。五种不同的卡片随机给出

表 4.1 以及图 4.3 给出了生存函数的几个相关值。

表 4.1 二项生存函数 $1-F(k)$，给出了 25 次实验中猜对多于 k 张齐纳卡片的概率

$\geq (k+1)$	$>k$	$1-F(k)$
12	11	0.001 540
11	10	0.005 555

⊝ 这个例子中，科学家为了考虑正向实验结果，要求非常高的显著性水平。所有可能想到的统计陷阱，之前的实验者都已经经历了。参见 Gardner（1957）。

（续）

≥(k+1)	>k	1−F(k)
10	9	0.017 332
9	8	0.046 774
8	7	0.109 123
7	6	0.219 965

本节中函数和图像生成的代码参见 Python 代码 4.1。

从二项分布到多项分布

如果不是从两种可能性中做出随机选择，而是从 m 种可能性中随机选择，统计结果就是多项分布。例如，民意测验中，询问选民将在选举的五个政党中做出哪个选择。又如，蛋白质中的特定氨基酸序列结构可以分为 α 螺旋、β 折叠或者随机卷曲。再如，在 n 个不同的 bins 中收集随机变量。多项分布的详细内容可以参见附录 D。

4.4　泊松分布

计数问题中常常遇到泊松分布，比如很小体积的同质悬浮物中对象（例如显微镜下的细菌或湖中有代表性体积的鱼）的数量，或者在给定的时间间隔 Δt 内用"单光子计数器"探测到的光子数量，或者在给定时间间隔内由不稳定核的放射性衰变产生的伽马量子数。

如果可预测事件发生的平均值为 μ，那么利用泊松分布可以计算恰好有 k 个事件发生的概率 $f(k)$：

$$f(k) = \frac{\mu^k e^{-\mu}}{k!} \tag{4.33}$$

泊松分布是二项分布的极限情形（$p \to 0$）；当 k 很大时，泊松分布本身趋近于正态分布。详细内容参见附录 D。

泊松质量分布具有规范性，其均值和方差分别为

$$E(k) = \mu \tag{4.34}$$

$$\sigma^2 = E\left[(k-\mu)^2 \right] = \mu \qquad\qquad (4.35)$$

泊松分布最重要的性质为标准偏差 σ 等于均值 μ 的平方根。举个例子，10 000 个光子的计数测量中，s. d. 为 100，即不确定度为 1%。当事件数量足够大时（如大于 20），泊松分布几乎等于均值为 μ，s. d. 为 $\sqrt{\mu}$ 的正态分布。

图 4.4 表示均值 $\mu = 3$ 的泊松分布中，观察到 k 个事件的概率 $f(k)$。例如，一个专科医院的病房平均每日可容纳 3 例急症患者。假设病人的到达是随机的，$f(k)$ 表示某天有 k 个病人到达的概率（见习题 4.6）。

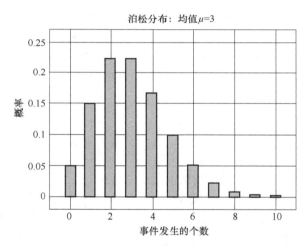

图 4.4 在给定的时间段内恰好观察到 k 个事件发生的概率，如果事件是随机发生的，每个时间段平均发生 3 个

4.5 正态分布

参见第 4 部分的正态分布。

高斯函数

正态分布的 pdf 就是数学上著名的高斯函数

$$f(x) = \frac{1}{\sigma\sqrt{2\pi}}\exp\left[-\frac{(x-\mu)^2}{2\sigma^2}\right] \tag{4.36}$$

其均值为 μ，方差为 σ^2，s. d. 为 σ。正态分布通常记为 $N(\mu, \sigma)$。如果对正态分布做一个变换

$$z = \frac{x-\mu}{\sigma} \tag{4.37}$$

就可以得到一个标准正态分布，记为 $N(0, 1)$，其概率密度为

$$f(z) = \frac{1}{\sqrt{2\pi}}\exp\left(-\frac{z^2}{2}\right) \tag{4.38}$$

图 4.5 所示为标准正态分布的 pdf。横轴表示的是变换后的坐标 $z=(x-\mu)/\sigma$。因此，值 0 对应 $x=\mu$，1 对应 $x=\mu+\sigma$。灰色区域给出（通过积分）了 x 落在 $\mu-\sigma$ 到 $\mu+\sigma$ 之间的概率；如果已经给出了累积分布函数 $F(z)$，则这个概率为 $F(1)-F(-1)=1-2F(-1)=0.6826$（即 68%）。

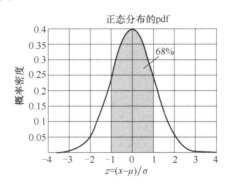

图 4.5 标准正态分布的概率密度函数（pdf）$f(z)$；$z=(x-\mu)/\sigma$，其中 μ 与 σ 分别表示随机变量 x 的均值和标准偏差

图 4.6 所示为正态分布的累积分布函数（cdf）

$$F(z) = \int_{-\infty}^{z} f(z')\,\mathrm{d}z \tag{4.39}$$

表示来自正态分布的样本不大于 z 的概率。生存函数（sf）为 $1-F(z)$，表示正态随机变量大于 z 的概率。

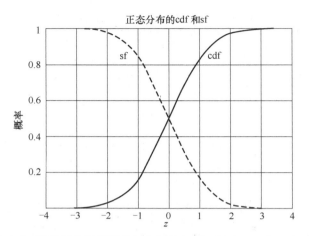

图 4.6 标准正态累积概率分布函数(pdf) $F(z)$。$z=(x-\mu)/\sigma$，其中 μ 与 σ 分别表示随机变量 x 的均值和标准偏差。虚线表示的曲线为生存函数(sf) $1-F(z)$

标准正态分布 cdf 与误差函数的关系

函数 $F(z)$ 可以用误差函数 $\mathrm{erf}(z)$ 表示，误差函数的数学定义为[⊖]

$$\mathrm{erf}(x) \overset{\mathrm{def}}{=\!=} \frac{2}{\sqrt{\pi}} \int_0^x \exp(-t^2)\,\mathrm{d}t \tag{4.40}$$

它的补是互补误差函数

$$\mathrm{erfc}(x) = 1 - \mathrm{erf}(x) \tag{4.41}$$

cdf 与误差函数的关系为

$$F(x) = \frac{1}{2}\mathrm{erfc}(-x/\sqrt{2}), x<0 \tag{4.42}$$

$$F(x) = \frac{1}{2}\left[1 + \mathrm{erf}(x/\sqrt{2})\right], x \geqslant 0 \tag{4.43}$$

概率标度

为了更好地判断一个分布是否近似于正态分布，不妨设计一个标

⊖ 例如，参见 Abramowitz and Stegun (1964)。

度，使得正态分布的 cdf 曲线在该标度下是一条直线，那么只要在这个标度下画出分布曲线就可以了。

市面上可以买到合适分格的坐标纸（概率纸；可从 www. hjcb. nl/ 下载自己打印）。我们可以利用丰富的计算机软件来绘图，而不用在纸上直接手绘。绘图包 plotsvg 支持在概率标度上绘制函数和累积分布，本书中经常使用这种绘图软件。图 4.7 所示为在概率标度上绘制了两个完全正态分布 $N(6, 2)$ 和 $N(4, 1)$，为两条直线。从图中，我们可以直接读出均值和标准偏差。

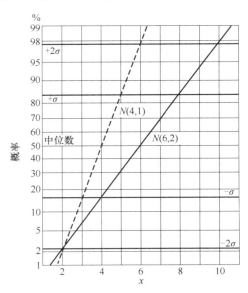

图 4.7 "概率标度"下正态分布的累积分布函数（cdf），实线表示 $N(6, 2)$，其中 $\mu = 6$，$\sigma = 2$；虚线表示 $N(4, 1)$

显著偏差

表 4.2 给出了样本 x 落在给定区间上的概率以及 x 超过给定值的概率（生存函数 $1 - F(z)$）。从表中可以看出，偏差超过 2σ 不经常发生，而偏差超过 3σ 就非常少见了。所以，如果在一次实验中发现偏差超过了 3σ，就可以认为这样的偏差发生不是偶然的，并称这个偏差是显著的。一些研究者更喜欢将显著限设置在 2.5σ 处，甚至是

2σ；究竟设置成多少更好，要根据实验目的（即根据测量值做出决定）以及研究者的偏好。当然，通常具体标准具体给出。

表 4.2　不同的 Δ 值下，来自正态分布的样本落在区间（$\mu-\Delta$，$\mu+\Delta$）上的概率以及样本值超过 $\mu+\Delta$ 的概率（或者小于 $\mu-\Delta$ 的概率，二者相等）

以 σ 为单位的偏差 Δ	落在区间（$\mu-\Delta$，$\mu+\Delta$）的概率	大于 $\mu+\Delta$ 的概率
0.6745	50%	25%
1	68.3%	15.9%
1.5	86.6%	6.68%
2	95.45%	2.28%
2.5	98.76%	0.62%
3	99.73%	0.135%
4	99.99366%	0.00317%
5	99.999943%	0.000029%

如果在系列实验中的考虑一个实验的显著性，必须要特别注意。100 次独立测量中至少有一次的偏差超过 2.5σ 一点儿都不显著（相反，它发生的概率很可能超过 70%）；如果想要在整个系列实验中保持一个置信水平（如 5%），就要强调在 100 个结果中至少有一个偏离 3.5σ。只选择"显著"的实验，而忽略"不显著"的实验是一种科学犯罪。参见第 4 部分的正态分布。

4.6　中心极限定理

实际上，在各种类型的分布中，正态分布是最常见的。其原因就是随机波动是多个独立随机变量之和的结果，趋向于正态分布，这与每个变量所服从的分布类型无关。这就是著名的中心极限定理。和分布的均值或者方差等于每个变量分布的均值或者方差之和。具体来说：令 x_i，$i=1$，2，$\cdots$，n 表示一组可以是任意分布的随机变量，具有有限均值 m_i 和方差 σ_i^2。当 n 很大时，随机和变量 $x=x_1+x_2+\cdots+x_n$ 的分布趋近于正态分布 $N(m$，$\sigma)$，且

$$m = \sum_{i=1}^{n} m_i \tag{4.44}$$

$$\sigma^2 = \sum_{i=1}^{n} \sigma_i^2 \tag{4.45}$$

运用中心极限定理时一定要注意：如果每个影响因素分布函数方差不存在（为无穷），则中心极限定理就不成立了。严重偏态分布也存在问题，详细内容参见附录 E。

中心极限定理非常重要也很强大，但是并不能由此假设潜在概率分布都具有正态性。相对较小的偏差通常是服从正态分布的。对于较大的偏差就不一定服从正态分布了，例如浓度或强度这种取值为正的量。请注意，在这种情况下，可能会出现非正态、偏态分布。

4.7　其他分布

还有很多其他的概率分布。本节将简单介绍其中一部分，后面的内容中还会看到另外一些分布：这些分布对根据数据列得到的置信区间进行评价非常重要。

对数正态分布

$\log x$（而不是 x）服从正态分布的分布为对数正态分布。显然，对数正态分布只能定义在 $x > 0$ 上，特别适用于取值非负的变量，如浓度、长度、体积、时间间隔等。

由 Python 中 SciPy 函数 stats. lognorm. pdf 可以得到对数正态分布的密度分布函数的标准形式为

$$f_{\text{st}}(x,s) = \frac{1}{sx\sqrt{2\pi}} \exp\left[-\frac{1}{2}\left(\frac{\ln x}{s}\right)^2\right] \tag{4.46}$$

一种简明的形式为

$$f(x;\mu,\sigma) = \frac{1}{\mu} f_{\text{st}}\left(\frac{x}{\mu}, \frac{s}{\mu}\right) \tag{4.47}$$

当 μ/σ 越来越大时，这里的 $f(x; \mu, \sigma)$ 越来越接近正态密度函数 $N(\mu, \sigma)$。图 4.8 给出了 μ 的不同取值下，对数正态分布的 pdf，但是都有 $\sigma = 1$。当 $\mu = 10\sigma$ 时，曲线的形状几乎与正态 pdf 没有差别。

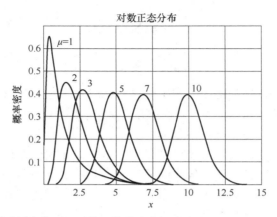

图 4.8 μ 的不同取值下，对数正态分布的概率密度函数（pdf）$f(x;\mu,\sigma)$，参见式（4.47）。其中所有曲线的 $\sigma = 1$

洛伦兹分布：方差不存在

洛伦兹分布，也称为柯西分布，是一个有点不寻常但又非常有趣的分布，其概率密度函数为

$$f(x;\mu,w) = \frac{1}{\pi w}\left[1+\left(\frac{x-\mu}{w}\right)^2\right]^{-1} \tag{4.48}$$

其中，μ 为均值，w 为宽度参数。在 $x=\mu\pm w$ 处，函数的高度为最大高度的一半。宽度的测量值为 FWHH（半高宽），等于 $2w$。这种分布可能来自于光谱实验：由有限激发态发射量子的频率分布具有洛伦兹形状。洛伦兹形状也出现在另一部分内容中：自由度为 1 的学生 t 分布（见第 4 部分学生 t 分布）。

累积分布函数为

$$F(x) = \frac{1}{2}+\frac{1}{\pi}\arctan\frac{x}{w} \tag{4.49}$$

这个分布的方差为无穷大，因此不必用实际数据估计它的方差。对于这类分布，包括厚尾分布，要用稳健法估计一系列观测样本均值的精度。

图 4.9 描绘了洛伦兹分布以及正态分布，二者 pdf 具有相同的最大值。

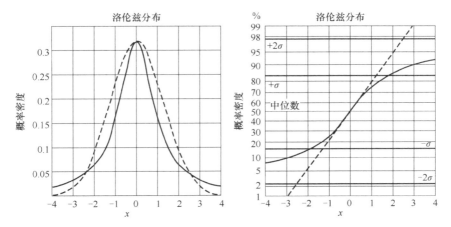

图 4.9　左图为 pdf，右图为概率标度下的 cdf。概率密度函数最大高度相同的洛伦兹分布 $f(x; 0, 1)$〔参见式（4.48），实线〕与正态分布（虚线）的对比，即二者的 cdf 在中位数（$\sigma = \sqrt{\pi/2}$）处斜率相同

寿命分布与指数分布

　　研究寿命分布时，产生了一些特殊类型的分布。例如，考虑一大批白炽灯，所有白炽灯都是工厂生产的新产品。当 $t=0$ 时，将它们全部打开，并记录每个灯出现故障的时刻。白炽灯在 t 到 $t+\Delta t$ 之间出现故障的部分（或者相当于寿命在 t 到 $t+\Delta t$ 之间的部分）为 $f(t)\Delta t$（Δt 非常小)，其中 $f(t)$ 是寿命分布的概率密度函数。累积分布函数 $F(t) = \int_0^t f(t')\,\mathrm{d}t'$ 表示截至时间 t 出现故障的部分，生存函数 $1 - F(t)$ 表示在时间 t 还存活的部分（即没出现故障的部分）。另一个例子是种群中个体的寿命分布。假设个体数量很大，每个个体出生时记为 $t=0$；$f(t)\Delta t$ 表示寿命在 t 到 $t+\Delta t$ 之间的部分；$F(t)$ 表示寿命 $\leq t$ 的部分；$1 - F(t)$ 表示在时间 t 还存活的部分。再来看分子科学中的一个例子，荧光分子在 $t=0$ 时被短激光脉冲激发后荧光强度（发射辐射量子）与时间的关系；$f(t)$ 是标准化的时变强度。

危险函数

　　寿命概率密度函数或者寿命累积分布函数描述的是寿命统计规

律，而不是死亡或者失效的基本规律。危险函数（也称为失效率函数）$h(t)$ 是描述死亡规律更基本的概念，表示群体中年龄为 t 的个体将要失效（死亡，退出）的概率密度。换句话说，个体在 t 附近一个小的时间段 Δt 内失败的概率等于 $h(t)\Delta t$。因为在 t 时刻，群体中只有 $1-F(t)$ 部分是存活的，所以有

$$h(t)=\frac{f(t)}{1-F(t)} \tag{4.50}$$

因为 f 是 F 的导数，由式（4.50）可以求解出寿命概率密度函数

$$f(t)=h(t)\exp\left[-\int_0^t h(t')\,dt'\right] \tag{4.51}$$

指数分布

有几种分布来源于 $h(t)$ 的不同选择。迄今为止，最简单的 $h(t)$ 描述的是物理或者化学中的常见现象，例如放射性衰变以及一阶化学反应。

$$h(t)=k(\text{const}) \tag{4.52}$$

称为比率常数。其含义是单位时间内消失的群体成员相对比例（如放射性核数 n、反应物浓度 c 等）。

$$\frac{dn}{dt}=-kn \tag{4.53}$$

$$\frac{dc}{dt}=-kc \tag{4.54}$$

将 $h(t)$ 代入式（4.51）中，得

$$f(t)=ke^{-kt} \tag{4.55}$$

有

$$F(t)=1-e^{-kt} \tag{4.56}$$

这是一个指数分布，图 4.10 中 $c=1$ 时的曲线就是指数分布的概率密度曲线。

人口统计

为了进行人口统计，例如用于人口动力学或死亡率分析，人们提出了危险函数的各种一般形式，从而有了更一般的人口概率密度函

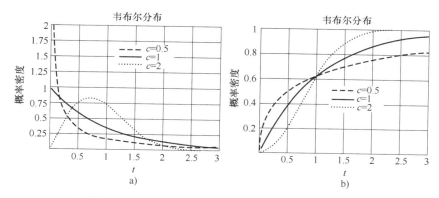

图4.10 3个韦布尔分布的分布函数（pdf 和 cdf），

c 分别取 0.5，1，2，其中 *c* = 1 时为指数分布

数。韦布尔分布⊖是指数分布的一种广义形式，其危险函数为

$$h(t) = ct^{c-1} \qquad (4.57)$$

其中，*c* 为死亡率的时间依赖性；由 *c* = 1 可以得到指数 pdf，*c* < 1 代表了初始死亡率更高（如很高的婴儿死亡率），*c* > 1 表示老年死亡率更高。相应的 pdf 为

$$f(t) = ct^{c-1} \exp(-t^c) \qquad (4.58)$$

累积分布函数（cdf）为

$$F(t) = 1 - \exp(-t^c) \qquad (4.59)$$

函数中也可以包含位置参数（平移 *t*）和尺度参数（放缩 *t*）。图 4.10 给出了韦布尔分布的几个例子，包括指数分布。

韦布尔分布函数的生成参见 Python 代码 4.2。

χ^2 分布

多个正态分布变量的平方和服从 χ^2 分布。χ^2 分布用于估计数据的 s. d. 已知条件下预测值的置信区间。参见 7.4 节以及第 4 部分的 χ^2 分布。

⊖ 关于分布的资料可以参考 www. itl. nist. gov/div898/handbook 上的 NIST/SEMATECH 在线统计方法电子手册，这是非常有价值的信息来源。

学生 t 分布

正态分布变量与 χ^2 分布变量之比服从学生 t 分布。学生 t 分布可以用来估计均值的置信区间。其前提是给定一系列数据来自正态分布，并且分布的 s.d. 未知。参见 5.4 节、8.4 节第二个例子以及第 4 部分学生 t 分布。

F 分布

两个 χ^2 分布变量之比服从 F 分布。F 比是两个均值平方和之比（即，一组样本与其平均值或者预测值偏差的平方和，再除以自由度 ν）。F 分布（由 Snedecor 命名）是两组样本 F 比 F_{ν_1, ν_2} 的累积分布函数，但是要求两组样本是来自方差相等的分布。通常取最大的值除以最小的值作为比值；如果 F_{ν_1, ν_2} 超过 99% 的置信水平，则两组样本来自同一分布的概率小于 1%。F_{ν_1, ν_2} 等式和一个简要的表格参见第 4 部分的 F 分布。

F 分布在线性回归（参见第 7 章）中非常有用，可以用来评估对数据拟合模型的关联度。它将模型解释的数据方差与数据相对模型的剩余方差进行了比较，F 比的累积概率则说明模型对数据方差的解释是否显著。

回归分析是方差分析（ANOVA）的一种特殊情况，它广泛应用于评价外部因素对正态分布变量的影响。这种评估属于试验或因子设计的统计领域：设计的外部因素的影响分析。但是本书侧重于估计参数概率分布的数据处理，而不是关于试验设计的统计处理⊖。为了深入了解 F 分布的运用，下面来看一个简单的单因子方差分析例子。

从同质群体中随机挑选两组数量相同的患者，一组接受药物治疗，另一组接受安慰剂治疗。通过测量目标检验值对两组患者进行比较，并进行统计检验以评估药物治疗有效的概率。用零假设 $H_0 =$ "药物没有影响"为真的概率来评估。需要计算两种均方平均偏差：第一种是每组平均值相对于总平均值（"回归平方和" SSR 的平均值或"组间方差"），第二种是每组组内的值相对于该组平均值，然后把所有组的值加起来（"误差平方和" SSE 的平均值或"组内方差"）。每

⊖ 很多书籍都含有因子设计的内容，例如 Walpole 等（2007）。

个平方和除以自由度 ν，即样本数减去可调参数。如果有 k 个组时，对于"组间方差"自由度 $\nu_1 = k - 1$；对于"组内方差"自由度 $\nu = n - k$。在本例中，有两个组：$k = 2$，一个是具有 n_1 个观察值且均值为 μ_1 的对照组，另一个是具有 n_2 个观察值且均值为 μ_2 的治疗组。$n = n_1 + n_2$ 个观测值 y_i 的总平均值为 μ。F 比是

$$F_{1,n-2} = \frac{\mathrm{SSR}/1}{\mathrm{SSE}/(n-2)} \tag{4.60}$$

其中

$$\mathrm{SSR} = n_1(\mu_1 - \mu)^2 + n_2(\mu_2 - \mu)^2 \tag{4.61}$$

$$\mathrm{SSE} = \sum_{i=1}^{n_1}(y_i - \mu_1)^2 + \sum_{i=n_1+1}^{n}(y_i - \mu_2)^2 \tag{4.62}$$

由 F 检验（实际上是根据 $1 - F(F_{1,n-2})$）可知，如果零假设为真，那么至少会得到这个比值的概率是多少。如果这个值很小（比如说，小于 0.01），你会得出这样的结论：治疗有显著的效果。

例子

假设你是个医生，想要测试一种治疗高血压患者的新药物。现在选择一组 10 人的高血压患者，这些患者都还未接受过治疗，并且同意参加药物试验。首先设计一种确定血压的标准方法（例如测量患者连续五天上午 9 点的平均收缩压），并定义检验值，例如治疗两周后的血压减去治疗前的值。然后随机选择 5 名患者组成"治疗组"，其余 5 名患者组成对照组。治疗组接受药物治疗，对照组接受难以区分的安慰剂。如果零假设在 95% 置信水平下被拒绝时，你将接受治疗是有效的$^{\ominus}$。实验结果（检验值以 mmHg 为单位）具体如下：

$\ominus$ 在做实验之前，要确定好所有的实验细节以及用到的统计方法，并且在实验过程中以及实验后都不要改变方法，这一点很重要。患者的选择以及测量的实施必须完全无偏。作为一个严肃的实验，不论是病人还是实施测量的医生都不被允许知道是哪些病人接受治疗（双盲实验），同时该实验需要覆盖一个更大的群体。实验可能会出现严重的副作用，也有可能治疗效果似乎非常好，但对照组无法获得治疗效益，因此从伦理上讲不可接受的情况发生。无论出现哪种情况，都要有相应的保障措施。负责的医院或者研究机构将为这类人体实验制定规则，并设立道德监督委员会。一本严谨的杂志也会在刊登结果之前评估实验的质量。

治疗组：-21，-2，-15，+3，-22

对照组：-8，+2，+10，-1，-4

治疗组的平均值为-11.5，控制组的平均值为-0.2。看起来这是个积极的效果，但是如果评估适当的和，有

$$SSR = 314, SSE = 698, F_{1,8} = [314/1]/[698/8] = 3.59, F(3.59) = 0.91$$

这就是说零假设（治疗无效）为真的概率为9%，备择假设（治疗有效果）为真的概率为91%。因此，如果坚持预先设定的95%置信水平，尽管从结果看治疗是有效果的，也不能得出这样的结论。当然，必须要做的就是对更多的患者进行重复实验。

小　结

本章介绍了几种不同的概率密度分布、累积概率分布以及生存函数，给出了已知分布函数的期望，定义了分布的均值、方差、标准偏差、偏度和峰度。二项分布是最简单的离散型分布，常常用来描述从概率不同的两个可能结果中随机挑选出一个的情形。从多个可能结果中随机挑选出一个的情形用多项分布来描述。在连续标度上随机选取事件衍生出泊松分布，例如在时间标度上观察脉冲或光子。考虑多个事件的极限，后者会产生连续的高斯分布或正态分布。正态分布很常见，当一个偏差由多个独立的随机因素构成，并且与每个因素的分布无关，则会衍生出正态分布（根据中心极限定理）。还有一些其他的分布应用在特殊问题中，例如寿命分布就是一个重要的子类。有些分布具有无穷方差，不适用一般的规则，所以可能会产生问题，如洛伦兹分布。χ^2 分布、学生 t 分布和 F 分布在数据列评价中起着重要作用。

习　题

4.1　彩票有5%的中奖率。如果买10张彩票，分别求没中奖以及有1张、2张……彩票中奖的概率是多少？假设彩票的数量和有奖

彩票的数量足够多，中奖的概率不依赖于已经中奖的彩票数量（这称为：有放回彩票）。

4.2　已知一次测量值 x 大于给定值 x_m 的概率为 1%，则在 20 次独立测量中至少有一次测量值大于 x_m 的概率是多少？

4.3　在选举中，选民可以从两位总统候选人中选出一位。你想进行一次民意测验，并且以 1% 的标准不确定度来预测结果。你预期两个候选人的票数大致相等。假设无偏随机选择选民，则需要选择多少人（样本容量是多少）？

4.4　观察 n 个独立事件，每个事件的结果都是 0 或者 1。计数得 k_0 个 0 和 k_1 个 1（$k_0 + k_1 = n$）。

（a）1 出现概率的最优估计是什么？

（b）估计 k_0 的标准不确定度。

（c）k_1 的标准不确定度是什么？

（d）如果比值 $r = k_1/k_0$，则 r 的不确定度是什么？

4.5　证明泊松函数表达式（4.33）是规范化的。

4.6　（a）考虑如图 4.4 所示医院的例子：病房里有 7 张床，假设每个病人一天占用一张床。如果不是只有 7 个病人，则超出的需要转移到其他医院。问平均有多少张床被占用？

（b）平均每天要转移多少病人？

（c）如果空置床位每天需要花费 300 美元，转移一个病人需要花费 1500 美元，从经济的角度优化床位数。最优的情况下，每天要转移多少病人？

4.7　（a）光敏元件每吸收一个光子就会产生一个电脉冲，但在没有光的情况下也会产生脉冲（"暗电流"）。对脉冲数计数，得 1s 内有 100 个无辐射脉冲和 900 个有辐射脉冲。辐射强度测量值的相对标准不确定度有多大？

（b）当重复 100 次这样的测量（有辐射以及无辐射），测量辐射强度的相对标准不确定度有多大？

4.8　来自正态分布的样本落在区间 $[\mu - 0.1\sigma, \mu + 0.1\sigma]$ 上的概率是多少？

4.9 （参见第 4 部分的正态分布）利用第 4 部分的正态分布中提到的关于 x 取值很大的近似，确定超过值 $x = 6\sigma$ 的概率。判断这个近似在这种情况下是否正确。

4.10 中心极限定理有一个重要的应用：随机数 r 在区间 $[0,1)$ 上服从均匀分布。将 12 个随机数 r 加起来，再减去 6，得到的样本近似服从 $\mu = 0$，$\sigma = 1$ 的正态分布：

$$x = \sum_{i=1}^{12} r_i - 6$$

（a）证明：$\langle x^2 \rangle = 1$。

（b）用这种方法生成 100 个正态分布数。

（c）在概率标度上画出这列数据的 cdf。

4.11 计算指数分布的均值和方差。

4.12 参考前文 F 分布中给出的例子。在类似的试验中有如下结果：

治疗组：-6，2，-8，-7，-12

对照组：5，-1，3，-4，0

通过 F 分布计算 F 比以及对应的累积概率。从这个 F 检验中，你得到了什么结论？

第 5 章
实验数据处理

本章主要介绍了最简单的数据处理方式。给定未知量 μ 的若干相似观察值 $x_i = \mu + \varepsilon_i$，它们只相差一个随机扰动 ε_i，那么如何得到真值 μ 的最优估计 $\hat{\mu}$？又如何得到 $\hat{\mu}$ 精度的最优估计，即 $\hat{\mu}$ 与真值 μ 的偏差有多大？每个观察值都是来自潜在分布的样本，如何描述这个分布？如果有理由假设潜在的分布是正态分布，如何估计它的均值和方差？又如何评估这些参数的相对精度？如果不希望假设潜在分布，这些问题又该如何处理？

假定有若干相似的观察值 x_i，它们只相差具有随机特征的偏差。不妨假设这些随机偏差的概率分布是均值为 μ 和标准偏差为 σ 或方差为 σ^2 的正态分布。由于数据是有限的（这些数据是来自某个分布的样本），我们得不到真实的分布函数，但是可以对 μ 和 σ 进行估计。通常在符号上加个帽子表示估计值，即 "$\hat{\mu}, \hat{\sigma}$"。我们需要的是真值（如平均值）的最优估计以及这个估计的不确定度。实际中，可以使用分布的方差估计得到均值的不确定度。

本章首先介绍的是数据列的分布函数（见 5.1 节），接下来是关于如何通过数据的性质（见 5.2 节）估计分布函数的性质（见 5.3 节）。5.4 节讨论的是均值估计的不确定度，5.5 节讨论的是方差估计的不确定度。5.6 节考虑了个体数据具有不同统计权重的情况。最后，5.7 节讨论了一些不依赖于潜在分布精确形状的稳健方法。

5.1 数据列的分布函数

通过绘制数据直方图可以得到数据分布的基本情况。首先将数据按照递增的顺序排列，然后根据预先确定的区间将数据进行分组。对应区间的中点画出每个区间上观察值的个数，例如条形图，这样的图称为直方图。

要注意生成的特殊直方图的计算机程序。例如，如果使用三维条形图显示透视图，则可能会选择使得某些条形图显得比实际要更大。水平线可能会出现正倾斜或负倾斜，并且读者可能会被图像误导。如果用图标代替线条图或者柱状图也会发生同样的问题。例如，用油桶代表油产品的体积：两倍大的油桶给人的印象是增加远大于两倍。由于审美原因使用会产生误导性的显示是非常幼稚的，故意制造误导性的显示也是一种科学犯罪。⊖

再次考虑第 2 章中的例子"30 个观察值"。这些数据已经排好序并列在表 2.1 中，如图 2.3 所示为相应的直方图。

直方图是数据取样概率密度函数的一种近似。当观察值的数量有限时（例如本例中有 30 个观察值），直方图噪声很大并且很难从直方图的拟合中得出概率密度函数。但是，数据的累积分布函数就会好很多。数据的累积分布函数与上一章介绍的连续概率分布的累积分布函数 $F(x)$ 非常相似，只是数据是离散的。给定含有 n 个值 $x_1, x_2, \cdots, x_n$ 的集合，累积分布函数 $F_n(x)$ 定义为

$$F_n(x) = \frac{1}{n} \sum_{i=1}^{n} I(x_i \leqslant x) \tag{5.1}$$

其中，I（条件）为示性函数，当条件为真时，I 的值为 1；否则，其值为 0。因此，$F_n(x)$ 等于所有满足 $x_i \leqslant x$ 的样本 x_i 的比例。因此，函数在 x_{i-1} 与 x_i 之间的函数值等于 $(i-1)/n$，当 $x = x_i$ 时，函数值跳跃到 i/n（见图 5.1）。

如果测量值的权重相等，则通过绘制有序数据 $x_1 \leqslant x_2 \leqslant \cdots \leqslant x_n$ 的序列号对应的 x 值就可以构造出累积分布函数。

定义式（5.1）成立的前提条件是所有数据点有相同的统计权重，但这不是一般情形。例如，分析之前，按 bins 收集数据（形成直方图），个体原始数据就不能再使用了。这种情况下，我们有 n 个 bins，每个 bin 都

⊖ 误导读者的事情经常发生。参见 Huff（1973）。

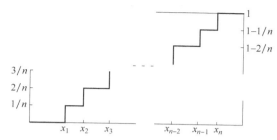

图5.1 离散数据集 $x_1, x_2, \cdots, x_n$ 累积分布函数的细节图

有给定的统计权重 w_i，而不再是 n 个点每个点的统计权重为 $1/n$。w_i 为第 i 个 bin 中观察值的个数与观察值的总个数之比，因此总权重等于 1。

如图 5.2 所示就是这样一个直方图。图中的数据为荷兰 20~29 岁年龄段的男性和女性身高分布情况，取的是 1998 年、1999 年和 2000 年的平均值。数据来自官方统计数据⊖，但是仅仅给出了 5cm 宽 bins 上的百分数。中点为 180cm 的 bin 累积的高度约为 178~182 附近，即高度介于 177.5cm 到 182.5cm 之间。直方图中对应的条柱绘制时需以 bins 的中间值为中心。

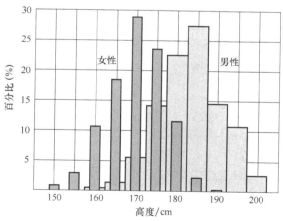

图5.2 荷兰 20~29 岁年龄段的男性（浅灰色）和女性（深灰色）身高分布直方图，为 1998 年、1999 年和 2000 年的平均值。以 5cm 宽的 bins 收集数据

⊖ http://statline.cbs.nl/StatWeb/publications。

现在定义的数据累积分布与式（5.1）稍有不同，每个点必须根据它的权重 w_i 进行缩放：

$$F_n(x) = \frac{\sum_{i=1}^{n} w_i I(x_i \leqslant x)}{\sum_{i=1}^{n} w_i} \qquad (5.2)$$

绘制数据累积分布函数的图形时，在 bins 中点处都要画出"跳跃"。如图 5.3 所示中的左图为图 5.2 的人口-身高数据的累积分布。当然，阶梯状曲线是精确累积分布的近似值。图形中的点表示近似曲线与精确累积分布重合的点。这些点位于 bins 之间的边界上。因此，如果想要将理论上的分布函数与实验数据相拟合，则理论曲线应该与这些点尽可能相匹配。

图 5.3 中的右图是同样的数据在概率标度下的累积分布函数。正态分布在该标度下是一条直线。从图 5.3 中很容易看出，数据的分布非常接近正态分布。

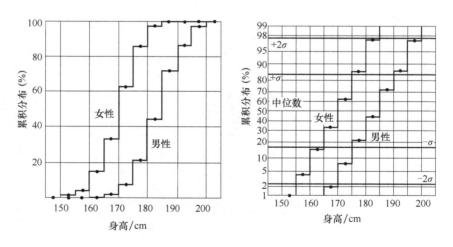

图 5.3 图 5.2 数据的累积概率分布。左图：线性标度；右图：概率标度。图中的点表示该处累积分布函数的精确值

5.2　数据列的平均值和均方偏差

本书用〈…〉表示数据列的平均值（如〈x〉）。○为了估计出数据潜在概率分布的性质，需要用到以下平均值：

（1）一列等价的（即等概率）独立样本 $x_i, i = 1, 2, \cdots, n$ 的平均值〈x〉定义为

$$\langle x \rangle = \frac{1}{n} \sum_{i=1}^{n} x_i \qquad (5.3)$$

参见 5.6 节对权重不同的数据列处理。

（2）与平均值的均方偏差（msd）定义为

$$\langle (\Delta x)^2 \rangle = \frac{1}{n} \sum_{i=1}^{n} (\Delta x_i)^2 \qquad (5.4)$$

其中 Δx_i 为样本与平均值的偏差：

$$\Delta x_i = x_i - \langle x \rangle \qquad (5.5)$$

用 msd 的根（常称为均方根偏差（rms 偏差或者 rmsd））来衡量数据在均值附近的分散程度。

要想求出 msd，需要进行两次数据处理：首先是求〈x〉，接下来求〈$(\Delta x)^2$〉。为了避免这种情况，可以运用下面等价形式：

$$\langle (\Delta x)^2 \rangle = \langle x^2 \rangle - \langle x \rangle^2 \qquad (5.6)$$

其中

$$\langle x^2 \rangle = \frac{1}{n} \sum_{i=1}^{n} x_i^2 \qquad (5.7)$$

注：如果 x_i 的值很大，但是分散程度相对小，特别是在计算机上采用单精度算法时，式（5.6）可能由于截断误差给出不准确的结果。因此不推荐将式（5.6）作为常用方法。要想改进的话，可以从所有的 x 值中减去一个接近〈x〉的常数，例如数列的第一个值。当然，

○ 常常在变量的上方加一条杠来表示平均值，如 $\bar{x}$，我们将用这样的符号表示。期望也是一个平均值，例如作用于概率密度函数时，这种平均值常被称为均值。文献中，均值一词也常用于表示数据列的平均值。

这样计算的平均值必须针对这个位移进行修正。

5.3 均值和方差估计

假设数据是来自某个概率分布的样本，平均值 $\langle x \rangle$ 和均方偏差 $\langle (\Delta x)^2 \rangle$ 是数据集的两个简单性质，我们希望可以运用它们来估计潜在概率分布的均值和方差（以及相应的标准偏差）。

均值 μ 的估计很简单，潜在分布均值的最优估计 $\hat{\mu}$ 就是数据本身的平均值：

$$\hat{\mu} = \langle x \rangle \tag{5.8}$$

很容易就可以证明用数据的平均值作为 $\hat{\mu}$ 可以使得数据与 $\hat{\mu}$ 的总平方偏差最小：

$$\min \sum_{i=1}^{n} (x_i - \hat{\mu})^2 \tag{5.9}$$

用数据的均方偏差估计方差就会复杂一些。潜在分布方差的最优估计 $\hat{\sigma}^2$ 要比数据均方偏差稍微大一些：

$$\hat{\sigma}^2 = \frac{n}{n-1} \langle (\Delta x)^2 \rangle = \frac{1}{n-1} \sum_{i=1}^{n} (x_i - \langle x \rangle)^2 \tag{5.10}$$

潜在分布标准偏差（s.d.）的最优估计为 $\hat{\sigma}^2$ 的平方根：

$$\hat{\sigma} = \sqrt{\hat{\sigma}^2} \tag{5.11}$$

式（5.10）中出现因子 $n/(n-1)$ 是因为 $\langle x \rangle$ 不是分布均值的精确值，但是其本身与数据相关。大致的意思是，一个数据点用来计算平均值，所以只有 $n-1$ 个数据点能给出新数据用来计算方差。其推导参见附录 F。$\hat{\sigma}^2$ 的式子成立的前提条件为数据是相互独立的样本（也就是我们本节假设的大前提）。如果数据相关，$\hat{\sigma}^2$ 会更大。很容易看出，当 n 很大时，因子 $n/(n-1)$ 这一项就不特别重要了。[⊖]

⊖ 请注意，具有统计功能的计算器常会让你在基于 n 的 σ 以及基于 $n-1$ 的 σ 中进行选择。前者表示数据集的 rmsd，后者表示潜在概率分布标准偏差的最优估计。

5.4　均值的精度与学生 t 分布

均值的精度不等于 σ，但是可以由 σ 求出来。有效数据点越多，用平均测量值表示潜在分布均值的真值就越精确。平均值 $\langle x \rangle$ 本身也是概率分布的一个样本，如果可以将整个测量列重复多次，就能恢复这个分布。如果进行了许多个 n 次独立测量，则平均值的方差为

$$\sigma^2_{\langle x \rangle} = \sigma^2 / n \tag{5.12}$$

这个式子的推导参见附录 G。因此，平均值 $\langle x \rangle$ 标准偏差的估计 $\hat{\sigma}_{\langle x \rangle}$（也称为 $\langle x \rangle$ 的标准误差或者 rms 误差）为

$$\hat{\sigma}_{\langle x \rangle} = \frac{\hat{\sigma}}{\sqrt{n}} = \sqrt{\frac{\langle (\Delta x)^2 \rangle}{n-1}} \tag{5.13}$$

同样，这个式子成立的前提是所有测量值的统计偏差都是独立的。如果不独立，个体的波动不能平方相加，会导致标准误差会变得更大。这就类似于独立点的数目小于 n，一般情况下，测量列中的依赖性来自于连续点之间的相关性，由此可以定义一个关联长度 n_c。此时，各方程仍然成立，但需用有效个数 n/n_c 替换数据点的个数 n。例如，在式（5.10）中，要用 $n/(n-n_c)$ 代替 $n/(n-1)$，方差的估计值就会变得稍大一些。式（5.12）中，要用 n/n_c 代替 n，但样本均值的标准不准确性变大 $\sqrt{n_c}$ 倍。详见附录 F 和附录 G。

如果测量值为来自正态分布的样本，则很可能认为量

$$t = \frac{\langle x \rangle - \mu}{\hat{\sigma} / \sqrt{n}} \tag{5.14}$$

为来自标准正态分布 $N(0,1)$ 的样本。但是 $\hat{\sigma}$ 本身也有分布，$\hat{\sigma}$ 不等于分布真正的 σ，因此这个说法不成立。考虑到这一点就会发现，t 是一个来自学生 t 分布的样本。[○] 详见第 4 部分的学生 t 分布。用到有关贝叶斯内容中的推导，参见 8.4 节中的第二个例子。

当数据点的个数无限大时，t 分布等于正态分布，但是个数少的

○　参见 Gosset（1908）。"学生"是英国统计学家 W. S. Gosset 的笔名（生于 1876 年）。

话，t 分布会更宽。t 分布的自由度为 $\nu = n-1$，这个参数要比（独立的）数据点的个数少 1。类似式（5.10）σ 的估计中，一个数据点已经"用于"确定均值。很明显，至少有两个有效数据点时，才有可能谈得上均值的精度。

如果要用 t 分布时，最好给出一个置信区间，如上限和下限，均值的真值以 50%（或 80%，90%，95%，99%，…，自己选择！）的概率落在上、下限之间。

5.5 方差的精度

最后，我们讨论 $\hat{\sigma}$ 的精度：如果测量值是独立的，并且偏差为来自正态分布的随机样本，则 $\hat{\sigma}$ 的相对标准不准确性等于 $1/\sqrt{2(n-1)}$。详见附录 G。这同样适用于均值计算标准误差的相对标准不准确性。例如，如果发现 10 个测量值的估计均值及其估计不准确性为 5.367 ± 0.253，则报告应记为 5.4 ± 0.3，因为数字 0.253 的相对不准确性等于 $1/\sqrt{18}$ 或 24%（两位有效数字不够精确）。如果这是由 100 个独立的测量值得到的结果，那么正确的报告应该是 5.37 ± 0.25。表 5.1 以百分数的形式给出了 n 取不同值时，n 个独立数据点下 $\hat{\sigma}$ 的相对不准确性（s. d.）。同样的相对不准确性也适用于［由式（5.13）计算得到］均值的相对不准确性（s. d.）。

表 5.1 n 个独立样本下，分布的标准偏差估计 $\hat{\sigma}$ 的相对不准确性（s. d.）

n	s. d. ($\hat{\sigma}$)	n	s. d. ($\hat{\sigma}$)	n	s. d. ($\hat{\sigma}$)
2	70%	10	24%	50	10.1%
3	50%	15	19%	60	9.2%
4	41%	20	16%	70	8.5%
5	35%	25	14%	80	8.0%
6	32%	30	13%	90	7.5%
7	29%	35	12%	100	7.1%
8	27%	40	11%	150	5.8%
9	25%	45	11%	200	5.0%

标准偏差的精度通常不是很大，但估计偏度或峰度往往并不显著。近正态分布中，偏度和峰度估计分别是

$$\text{偏度} = \frac{1}{n} \sum_{i=1}^{n} \left(\frac{x_i}{\hat{\sigma}} \right)^3 \pm \sqrt{\frac{15}{n}} \tag{5.15}$$

$$\text{峰度} = \frac{1}{n} \sum_{i=1}^{n} \left(\frac{x_i}{\hat{\sigma}} \right)^4 - 3 \pm \sqrt{\frac{96}{n}} \tag{5.16}$$

5.6　不等权数据处理

前面的讨论中，假设所有数据点的统计权重都相同，即所有数据都是来自同一个概率分布的样本。但是，常常会出现一个测量值比另一个测量值更精确的情况。此时，统计分析中（例如均值确定）就要求更精确测量值的权重必须更大。如果同一个量以不同方式确定，显然得到的值具有各自的不确定度估计，要得到均值的最优估计就要处理测量值权重的问题。直方图的每个 bin 中都累积了多个观察结果，所以直方图数据也要赋予不等权重：很明显，每个 bin（中心）值 x_i 必须乘以在该 bin 中的观察值的个数 n_i，这样才能得到合理的所有观察值的均值：

$$\langle x \rangle = \frac{\sum_i n_i x_i}{\sum_i n_i} \tag{5.17}$$

总之，潜在分布均值的最优估计 $\hat{\mu}$ 是一个加权平均值，定义为

$$\langle x \rangle = \frac{1}{w} \sum_{i=1}^{n} w_i x_i, \quad w = \sum_{i=1}^{n} w_i \tag{5.18}$$

其中权重因子 w_i 与 $1/\sigma_i^2$ 呈比例。因为求和以后要除以总权重，所以只需要比例即可。附录 H 解释了为什么可以这样求平均值。

这种求平均值的方法不仅适用于求 x 的平均值，同样适用于其他需要求平均值的量，例如：

$$\langle x^2 \rangle = \frac{1}{w} \sum_{i=1}^{n} w_i x_i^2, \quad w = \sum_{i=1}^{n} w_i \tag{5.19}$$

一般地，有

$$\langle f(x) \rangle = \frac{1}{w} \sum_{i=1}^{n} w_i f(x_i) , w = \sum_{i=1}^{n} w_i \tag{5.20}$$

均值估计的精度

如果通过对 $x_i \pm \sigma_i$ 求加权平均来估计数据列的均值，则均值估计的标准不准确性的估计为

$$\hat{\sigma}_{\langle x \rangle} = \left(\sum_{i=1}^{n} \frac{1}{\sigma_i^2} \right)^{-1/2} \tag{5.21}$$

附录 H 也解释了这一点。我们没有通过 $\langle (\Delta x)^2 \rangle$ 的值得到估计值 $\hat{\sigma}_{\langle x \rangle}$，而是通过式（5.21），前提是假设 σ_i^2 的值是可靠的。无论测量值的观察分散程度是不是统计意义上可接受的（即与已知的 σ_i^2 相容），都可以用卡方检验来检验。7.4 节深入探讨了卡方检验（另参见第 4 部分的卡方分布），但这里我们已经进行了初步运用。这种情况下，定义 χ^2 为

$$\chi^2 = \sum_{i=1}^{n} \frac{(x_i - \langle x \rangle)^2}{\sigma_i^2} = \frac{\langle (\Delta x)^2 \rangle}{\hat{\sigma}_{\langle x \rangle}^2} \tag{5.22}$$

其自由度等于 $n-1$。请注意，$\langle (\Delta x)^2 \rangle$ 必须要根据式（5.20）的加权平均法来确定。分母这一项根据式（5.21）来确定。χ^2 的值应该在自由度 $n-1$ 的附近。χ^2 累积分布给出了偏离这个值的合理范围（参见第 4 部分的 χ^2 分布）。

如果 σ_i^2 未知，并且观察值的个数足够多，有可能也会用 $\langle (\Delta x)^2 \rangle$ 确定 $\hat{\sigma}_{\langle x \rangle}$。那样的话，假设 $\chi^2 = n-1$，有

$$\hat{\sigma}_{\langle x \rangle}^2 = \frac{\langle (\Delta x)^2 \rangle}{n-1} \tag{5.23}$$

这个方程也适用于等权重的独立样本，因此也等价于式（5.13）。

根据需要选择自己认为合适的方法。当个体方差估计不可靠时，选择后一种方法。保险起见，你也可以从两种方法中选择两种不确定度中最大的一种。

5.7　稳健性估计

前几节所学的标准偏差或者标准误差这样的参数估计对数据中的异常值非常敏感。原因就是使用了平方偏差，异常值对偏差的平方和影响非常大。如果观察值的偏差非常大，它是不太可能出现在数据集中的，那么就可以剔除这种观察值（参见下文）。前几节讨论的一些方法仅适用于来自正态分布的数据，例如由学生 t 分布确定的置信区间。在现代统计学中，已经开发出了各种处理数据列的稳健方法，通过这些方法可以使异常值的影响变小，并且减少结果对数据分布函数类型的依赖性。这些稳健方法基于数据的排列顺序（"基于排序的方法"）。本书中，我们仅对这些方法进行简要总结，要了解更详细的内容请参考文献［Petruccelli 等（1999）；Birkes 和 Dodge（1993）；Huber 和 Ronchetti（2009）］。

异常值的剔除

很有可能某个测量值会落在预期范围之外。这可能是由于随机波动，也可能是由于实验误差或错误引起的。在进一步处理之前，需要从数据列中剔除这样的数据点。一个合理且经常使用的剔除标准是偏差超过 2.5σ，但是不要在一个数据列中多次使用。剔除需要谨慎，因为测量值是否符合你的目标是一种主观上的考虑，这可能会影响到是否剔除这个数据点。当然，与其剔除，不如重复测量：这样就可以识别可能的误差或者错误。如果重复测量仍然显示与预期值有显著偏差，这可能正是一个值得进一步研究的有趣现象。

2.5σ 标准是任意选取的，许多研究者倾向于 3σ 限。选择的标准应满足这样一个条件：超出所选限的值随机出现是小概率事件，例如概率小于 5%。但在这样的标准下，限定值取决于数据列中数据点的数量：在正态分布中，单点偏离 2.5σ 的概率略大于 1%，20 个数据点中至少有一个点偏离大于 2.5σ 的概率超过 20%。第一种情况不太可能发生，但第二种情况在随机抽样时很容易发生。在第 4 部分的正态分布表中，列出了不同的 d/σ 值下，

n 个点中至少有一个数据点超出范围 $(\mu-d, \mu+d)$ 的概率（双侧标准）；同时还列出了至少有一个数据点超过 $\mu+d$ 值的概率（单侧标准）。如果取单侧概率限为 5%，你会发现如果少于 10 个数据点，2.5σ 是一个不错的选择，10 到 50 个点，3σ 更好；对于 50 到几百个点，3.5σ 是最好的选择。

基于排序的估计

通常，我们取测量值的平均值作为分布的均值估计。如果有理由认为潜在的概率分布是一个对称分布，但又不能认为是正态分布时，可以用测量值的中位数作为均值估计。如果数据点的数量很大，用中位数估计分布的均值，但是如果数据点的数量较少，中位数对异常值的敏感度要比平均值低。中位数有一个性质：正偏差和负偏差的数目是相等的，要想得到中位数，只需要考虑偏差的符号即可。

基于符号的置信区间

数据偏差的加号个数服从二项分布，由这个二项分布就可以得到基于符号的置信区间估计。假设有 5 个测量值，按升序排列：x_1, x_2, x_3, x_4, x_5。取中位数 x_3 为均值估计 $\hat{\mu}$。下面考虑 $\mu<x_1$ 的概率。这种情况下，偏差的符号为+++++，假设每个符号取加号的概率为 50%，则得到有五个加号的二项分布概率为

$$p(\mu<x_1) = 2^{-5}\binom{5}{5} = 1/32 \tag{5.24}$$

（参见 4.3 节）。同理，$\mu>x_5$ 的概率也是 1/32，因此区间 (x_1, x_5) 的置信水平为 30/32 = 94%。如果 μ 介于 x_2 与 x_4 之间，偏差的符号为--+++或---++。这时，二项分布的概率为

$$p(x_2<\mu<x_4) = 2^{-5}\binom{5}{3} + 2^{-5}\binom{5}{2} = 20/32 = 62.5\% \tag{5.25}$$

由于离散值数量很小，因此无法给出预设置信水平（例如 90%）下的区间。该方法是稳健的，但也相当不准确。如果能证明数据点是正态分布的样本，"经典"参数估计更好。为了与标准偏差的经典报告一致，可由累积分布函数（参见 5.1 节）得出 68% 的置信区间，从

而找到"标准偏差"的稳健估计。[⊖]

Bootstrap 方法

最后介绍一种无分布法——Bootstrap。该方法可以通过数据列得到均值估计的近似概率分布（"抽样分布"），但是不用假设数据服从的分布。该方法起源于 1979 年，参见 Efron 与 Tibshirani（1993）。该方法很简单，但只能通过计算机来实现。

假设你有一个来自未知分布的 n 个等权重独立样本的数据列。这个数据列的平均值就是该分布均值很好的估计。我们希望生成若干个这样的平均值得到均值的抽样分布，也就能得到均值估计具体的精度。但是要想得到抽样分布，需要生成多个新的测量集才能实现，其中每个测量集都是数据分布的新样本。如果没有更多的新数据，就必须依赖已有的 n 个样本。下面生成大量（如3000 个）数据列，每个数据列由 n 个"测量值"组成，每个测量值从 n 个原始数据中有放回地随机抽取，即不改变抽取某个值的概率。由每个数据列可以确定一个平均值，这样就能采集到 3000个平均值。这 3000 个平均值近的分布似于从 3000 组新测量数据中得到的真抽样分布。

如果测量值很少，可以生成所有可能的序列（n^n 个序列），但是对于超过 5 个数据点，就实现不了了。直观起见，图 5.4 给出了值为 -1、0 和 1 三个数据点的 Bootstrap 分布：有 7 个可能的平均值。在同一图中，给出了同样三个测量值（即两个自由度）的学生 t 分布，其中 $\hat{\mu}=0$，$\hat{\sigma}=1$。均值的"经典"标准不确定度等于 $\hat{\sigma}/\sqrt{3}=0.577$；Bootstrap 分布的 s. d. 为 $\sqrt{2}/3=0.471$。后者也是由有偏估计得到的均值标准不确定度：$\sqrt{\langle(\Delta x)^2\rangle}/\sqrt{3}$。$\sigma=0.577$ 的正态分布也是如此。我们看到，这种对称情形下，正态分布和 Bootstrap 分布吻合得很好；t 分布两侧的侧翼更宽。如果你只有三个值并且没有充分的理由假设

⊖ 区间 $(\mu-d, \mu+d)$ 是 68% 置信区间，严格来说，其中的偏差 d 不是标准偏差，也不能说明其他正态分布的置信区间是合理的。如果这个值等于标准偏差误差范围内的最优估计，应该再进行检查。

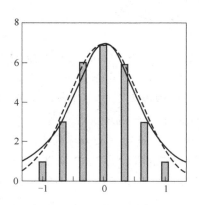

图 5.4 值为-1、0 和 1 的三个数据点均值的 Bootstrap 分布直方图
（标绘纵坐标×1/27）。实线：两个自由度的学生 t 分布；虚线：具有"经典"
标准偏差的正态分布。所有分布都以相同最大值的标准缩放

潜在分布是正态分布，就没有充分的理由应用学生 t 分布。

现在，"Bootstrap"这个词很有意义：Bootstrap 方法是一种从无到有获得新事物的方法，就像拉鞋带会把自己抬离地面一样，原则上是不可能发生的。我们应用 Bootstrap 方法有什么新收获吗？没有！Bootstrap 生成了一个均值数组（来自给定分布 n 个样本的均值）：原始数据点上的 n 个 δ 函数之和。这些平均值的分布函数可用附录 E 中的方法计算，其均值和标准偏差完全由原始数据确定。实际上，Bootstrap 分布的均值等于原始数据的均值，Bootstrap 分布的 s.d. 等于原始数据的 rmsd $\sqrt{\langle (\Delta x)^2 \rangle}$ 除以 $\sqrt{n}$，这等于均值标准不确定度的有偏估计，我们知道无偏估计 rmsd 除以 $\sqrt{n-1}$ 更好。用原始数据中的 $n-1$ 而不是 n 个样本相加，可以得到具有无偏 s.d. 的 Bootstrap 分布。

这样看起来 Bootstrap 方法似乎毫无意义。确实，Bootstrap 方法对于均值及其标准不确定度的最优估计值没有意义，但它对于获取给定置信水平下的置信区间是有意义的。但是，要始终认识到这个事实：Bootstrap 分布不会延伸到数据值的最小值和最大值以外，而潜在的概率分布可能具有尾部，且尾部延伸（远）超过这些数据值。从

Bootstrap 分布的尾部得到的置信限可能非常窄，并且可能导致错误的结论。参见习题 5.6 各种估计的比较。

从给定数据集中随机抽取样本并生成平均值数组的程序，参见 Python 代码 5.1。

报告数据集分析的程序参见 Python 代码 5.2。给定一组独立的数据，这个程序生成一个累积分布图（在概率标度下）和一个数据点的图以及标准偏差（如果已知）；输出数据的性质（包括偏度和峰度）并识别异常值。此外，它还执行了第 7 章的函数：给定标准偏差下，显著性检验偏离分析和卡方分析。可以在 www.hjcb.nl 上查找更新。

小　结

现在，你就能清楚地区分测量数据 x_i 的分布和数据服从的（未知）潜在分布。测量数据的性质包括数量 n、平均值 $\langle x \rangle$、均方偏差（msd）$\langle (\Delta x)^2 \rangle$ 和均方根偏差（rmsd）$\sqrt{\langle (\Delta x)^2 \rangle}$，也包括基于排序的性质，如范围、中位数和各种百分位数。由这些性质可以导出潜在分布参数的最优估计 $\hat{\mu}$，$\hat{\sigma}$：均值和标准偏差。均值估计 $\sigma_{\langle x \rangle}$ 的不准确性（样本均值的 s.d.）等于 $\hat{\sigma}/\sqrt{n}$，是一个重要的量。我们知道，所有这些公式成立的前提是 n 个样本相互独立；如果样本相关，方差估计会稍微大些 $(((n-1)/(n-n_c)) \times)$，样本均值的标准不确定度会非常大（$n_c \times$），其中 n_c 是关联长度。知道了如何处理不等权重的数据点：求各种平均值时，对要平均的值乘以它们的权重 w_i/w，其中 w 是总权重。

结果也可以用置信区间来表示。置信区间可以是单侧的，也可以是双侧的。例如，90% 的双侧置信区间给出了潜在分布的第 5 到第 95 百分位数之间的范围估计。对于服从正态分布的变量，如果已知 σ，则按照正态分布得到置信区间；如果 σ 未知，则按照学生 t 分布得到置信区间。另一种确定样本均值置信区间的方法，就是基于数据本身创建一个 Bootstrap 分布。要注意这种"无分布"方法的缺陷。

最后，如果你有一组数据，并且对每个数据点的不准确性有好的先验估计，那么可以使用卡方分布来评估测量数据的分散程度是否与先验不准确性一致。如果特别分散，那么可能忽略了某种错误来源。

习　题

5.1　表 2.1 中的数据是不是来自正态分布的样本？如果是，在图 2.1 所示的累积分布函数上画一条直线来估计 $\hat{\mu}$，$\hat{\sigma}$。

5.2　证明式（5.6）。

5.3　如果从 x 的所有值中减去一个常数，并用式（5.6）计算 msd，是否需要进一步修正？

5.4　生成 1000 个均值为 c 且 s. d. 为 1 的正态分布的变量。比较分别由式（5.4）和式（5.6）计算所得 rmsd。改变常数 c 看看有什么变化。

5.5　（参考表 5.1）

一个物理量有 n 个独立的测量值，平均值为 75.32578，均方偏差为 25.64306。给出下面两种情况下：（a）$n = 15$，（b）$n = 200$，潜在分布均值以及标准偏差的最优估计，注意有效数字的个数。

5.6　假设你住在德国，并且要校正汽车上的速度表。开车行驶在大部分平直的高速公路上，路上很安静，车速尽可能精确地保持在 130km/h，路上每相隔 1km 有一块里程碑。你的伙伴用秒表计时，测量通过相邻的两个里程碑所用的时间。她得到下面 9 个时间间隔（单位为 s）：[一]

29.04,29.02,29.24,28.89,29.33,29.35,29.00,29.25,29.43

1. 计算下列时间间隔测量集的性质：

（a）平均值；

（b）与平均值的均方偏差；

（c）与平均值的均方根偏差；

（d）范围、中位数、第一四分位数、第三四分位数。

[一]　这些数字来自真实实验。

2. 计算潜在分布函数下列性质的最优估计：

（a）均值 $\hat{\mu}$；

（b）方差 $\hat{\sigma}^2$；

（c）标准偏差 $\hat{\sigma}$；

（d）均值估计的标准不确定度；

（e）最后三个值的不确定度。

3. 你的汽车实际速度是多少（汽车实际速度的最优估计）？这个值的标准不确定度是多少？速度表的偏差有多大？这个偏差的相对精度是多少？注意所有结果有效数字的位数。

4. 作为驾驶员，如果你认为车速的偏差控制在了 ±0.5km/h 这个范围，那么这个知识对你的结论是否会有某种影响？

5. 假设由（有偏）Bootstrap 可得均值的可靠抽样分布，生成 2000 个样本的 Bootstrap 分布，并计算时间间隔的 80%，90% 和 95% 的置信限。

6. 运用 Bootstrap 分布，计算速度 80%，90% 和 95% 的置信限。

7. 假设潜在分布是正态分布 $N(\hat{\mu}, \hat{\sigma})$，计算速度 80%，90% 和 95% 的置信限。

8. 假设潜在分布是标准差未知的正态分布，根据学生 t 分布计算速度 80%，90% 和 95% 的置信限。

5.7　你是 CODATA 的成员，负责更新阿伏伽德罗常数。下列可靠数据可以任意使用：

● 已知数（参见第 4 部分的物理常数）

● 科学家 A 测量列的结果：

6.02214148（75）$\times 10^{23}$

● 科学家 B 测量列的结果：

6.02214205（30）$\times 10^{23}$

● 科学家 C 测量列的结果：

6.0221420（12）$\times 10^{23}$

求出加权均值以及其标准不确定度。

5.8　在概率标度下画出 Bootstrap 分布，其直方图如图 5.4 所示。

这个分布与正态分布相一致吗？用图形方式估计均值和标准差，并与文中给出的值进行比较。

5.9 （该习题需要参阅附录 C 和附录 E。）

从 −1、0 和 1 三个数等概率地随机抽取三个样本，运用特征函数来确定这三个样本和的分布函数。请注意这三个样本和的分布函数等于每个样本分布函数的卷积，确定其方差，将结果与图 5.4 进行比较。

你常常会做一系列的实验，改变一个独立变量，例如改变温度。真正感兴趣的通常是测量量和这个独立变量的关系，但存在一个问题就是实验值会含有统计偏差。通过实验，可以在已知该关系理论形式的前提下推导出未知参数，还可以验证理论或者确定修正情况。本章我们采用了全局性的视角，通过简单地用图形表示实验数据就可以对函数关系进行定性的估计。将函数关系变换成线性形式可以实现快速的图形解释，甚至参数的不准确性也可以用图形来估计。如果想要精确的结果，则直接跳到下一章。

6.1 简介

上一章已经学过了如何处理一系列等效测量量，如果测量数据中没有随机偏差，它们产生的结果是相同的。但通常情况下，测量量 y_i 是独立变量 x_i 的函数 $f(x_i)$（例如时间、温度、距离、浓度或者 bin 的个数），也可能是几个这样变量的函数。一般情况下，独立变量的精度很高（在实验者的控制之下），且因变量（测量量）具有随机误差。因此，有

$$y_i = f(x_i) + \varepsilon_i \tag{6.1}$$

其中 x_i 是独立变量（或者是独立变量的集合），ε_i 是来自某个概率分布的随机样本。

通常，函数 f 的理论形式已知，但可能包含未知参数 θ_k（$k = 1, 2,$

$\cdots,m$）：

$$y=f(x,\theta_1,\cdots,\theta_m) \qquad (6.2)$$

以线性关系为例：

$$y=ax+b \qquad (6.3)$$

也可以是更复杂一点的关系，例如：

$$y=ce^{-kx} \qquad (6.4)$$

如果可以，我们常常会通过一个简单的变换将这个关系线性化。则式（6.4）变换为

$$\ln y=\ln c-kx \qquad (6.5)$$

得到 $\ln y$ 与 x 的一个线性关系。一般会建议将函数关系线性化，这样就可以得到一个简单的图形——直线，并且可以快速判断出你所推测的函数关系是否恰当。6.2 节将给出几个例子。

回到线性关系 $y=ax+b$ 中。假设你测量了 n 个数据点（x_i,y_i），$i=1,2,\cdots,n$，并且测量值 y_i 尽可能满足

$$y_i\approx f(x_i) \qquad (6.6)$$

其中 $f(x)=ax+b$ 是预期的关系。需要确定参数 a 和 b，使得测量值 y_i 与函数值之间的偏差尽可能小。但这意味着什么呢？测量值与函数值的偏差为

$$\varepsilon_i=y_i-f(x_i) \qquad (6.7)$$

其中，ε_i 应该是随机误差的唯一结果，并且通常认为偏差 ε_i 为零均值概率分布的随机样本。

实际上，这个分布通常是正态分布。用最小二乘法拟合非常适合这类参数估计。最小二乘法将在第 7 章讨论，并且需要通过计算机程序来实现。

通常并不需要精确地进行最小二乘拟合。如果预期是线性关系，将数据画出来更有意义。通过视觉观察就足以判断。"用眼"画一条直线来拟合点往往足够精确，甚至参数 a 和 b 的不准确性也可以通过改变测量数据点云中的线估计出来，完全可以在老式的绘图纸上快速绘制草图。如果数据点很多，或者不同的点有不同的权重，又或者要

求的精度很高，计算机程序就非常有用了，但是它们永远不能替代不好的测量，也不能让你更进一步了解函数关系。要小心那些文档不完善的或者不太理解的计算机程序！

　　本章的主要内容是对实验数据进行简单的图形化处理，并简单讨论结果中的不准确性。请常常问自己，这种简单的图形分析对你的问题解决是否有帮助：这样一般就能更好地理解模型与数据之间的关系。做一个简单的分析之后，可以（并且应该）做一个更精确、更详尽的计算机分析。

6.2　函数的线性化

　　本节主要给出几个函数线性化的例子。

　　（1）$y = ae^{-kx}$：$\ln y = \ln a - kx$（示例：一级反应中浓度与时间的关系，放射性衰变过程中每分钟的计数）。在线性标度上画出 $\ln y$ 与 x 的关系，或者在对数标度上画出 y 与 x 的关系。如果手绘，请使用半对数坐标纸（一个坐标是线性的，另一个是取 20 为底的对数）。也可以用一个简单的 Python 图，如图 2.7。从图上选择一段（取一大段以获得更好的精度），并且读取两个端点的坐标 (x_1, y_1) 和 (x_2, y_2)，由此可以读出斜率（本例中为 $-k$），斜率等于 $\ln(y_2/y_1)/(x_2 - x_1)$。如果用了一个 10 到达终点（例如通过 $y = 1$ 以及 $y = 10$），则斜率很简单，为 $\ln 10/(x_2 - x_1)$。

　　（2）$y = a + be^{-kx}$：$\ln(y - a) = \ln b - kx$。首先根据大量 x 对应的 y 值估计 a，接下来在对数标度下画出 $y - a$ 与 x 的关系。如果画出的图形不是线性关系，稍微调整 a（在合理范围内）。

　　（3）$y = a_1 e^{-k_1 x} + a_2 e^{-k_2 x}$。这很难用图形处理，除非 k_1，k_2 有很大差别。这种情况下，计算机程序也很难进行分析！首先估计"慢"分量（小的 k 对应的项），从 y 中减去该分量，并在对数标度上画出这个差。图 6.1 绘制了表 6.1 中数据的结果，每个 y 中的标准误差为 ±1 个单位。

表 6.1   测量值 y 是两个指数函数的和。z 为减去
"最慢"指数函数后的值，y 的标准不确定度等于一个单位

x	y	z	x	y	z
0	90.2	65.2	40	11.7	1.7
5	62.2	39.9	50	8.8	0.9
10	42.7	22.9	60	6.9	0.6
15	30.1	12.4	70	4.6	−0.4
20	23.6	7.8	80	5.0	1.1
25	17.9	3.8	90	2.9	−0.3
30	14.0	1.5			

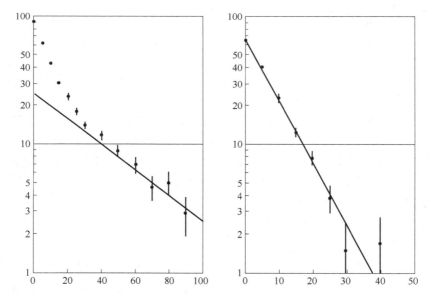

图 6.1   两个呈指数方式衰减量和的数据图形分析。左图是数据点 y
在对数标度下与独立变量 x 的关系图，"最慢"分量近似为一条直线。
右图为数据 y 与"最慢"分量差的图形。请注意 x 是不同的标度

表 6.1 中的 z 为 y 与图 6.1 左图中直线给出的值之间的差。这条
直线是"用眼"绘制出来的，并且通过点（0,25）和（100,25），得
到 $k_2 = [\ln(25/2.5)]/100 = 0.023$。因此这条直线的方程为 $25e^{(-0.023x)}$。

右图中绘制的是 z 的图形：这些点大致符合线性关系。所绘的线经过点 $(0,65)$ 和 $(38,1)$，得到 $k_1 = (\ln 65)/38 = 0.11$。因此，逼近所有数据点的函数为

$$f(x) = 65e^{-0.11x} + 25e^{-0.023x} \tag{6.8}$$

虽然用这种简单的图解法推测方程参数的不确定性并不可靠，但它为非线性最小二乘拟合中参数的初始估计提供了良好的基础，这是第 7 章将要讨论的内容。这种拟合必须通过计算机来实现，一个恰当的程序不仅能提供最佳拟合，而且能估计出参数的不精确性和相关性。

（4）$y = (x-a)^p$（示例：由 $\chi = C(T - T_c)^{-\gamma}$ 可知，临界温度附近流体的等温压缩率 χ 为温度的函数，γ 是临界指数。）在双对数标度上，绘制 $\log y$ 与 $\log(x-a)$（或 y 与 $x-a$）的关系图；如果 a 是未知的，则稍微调整 a，直到这个关系变成一条直线。直线的斜率就是 p。

（5）$y = ax/(b+x)$（示例：在 Langmuir 型吸附的情况下，溶质的吸附量 n_{ads} 与溶液中的浓度 c 或气态压力 p 的关系：$n_{\text{ads}} = n_{\text{max}}c/(K+c)$；在 Michaelis-Menten 动力学[一]的情况下，反应速率 ν 是基质浓度 $[S]$ 的函数：$\nu = \nu_{\text{max}}[S]/(K_m + [S])$）。两边取倒数，该方程就会变成 $1/y$ 和 $1/x$ 之间的线性关系：

$$\frac{1}{y} = \frac{1}{a} + \frac{b}{a}\frac{1}{x} \tag{6.9}$$

酶动力学中，$1/\nu$ 与 $1/[S]$ 的关系图称为 Lineweaver-Burk 图[二]。还有两种其他方法可以得到线性关系：绘制 x/y 与 x 的关系图（Hanes 法）：

$$\frac{x}{y} = \frac{b}{a} + \frac{x}{a} \tag{6.10}$$

或者绘制 y/x 与 y 的关系图（Eadie-Hofstee 法）：

$$\frac{y}{x} = \frac{a}{b} - \frac{y}{b} \tag{6.11}$$

[一]　如果你是一个生物化学家，那么对它一定非常熟悉。但如果你是一个物理学家或机械工程师，这听起来就像咒语一样。你可以参考任何有关生物化学的教科书来了解详情，或者想想你自己领域用到这个方程的某个应用。

[二]　参见 Price 与 Dwek（1979）。

选择哪种方法取决于数据点的不准确性：无论是用 x 的倒数，还是用 y 的倒数，小的值在绘图中相对更重要。

例子：脲酶动力学

表 6.2 给出了尿素酶作用下尿素转化率[⊖] $\nu = y$ 的实验值，它是尿素浓度 $[S] = x$ 的函数，由此得出图 6.2 和图 6.3。在 Lineweaver-Burk 图中，由与水平（x）轴的交点可以得到 $K_m = b$ 的值，由与垂直（y）轴的交点可以得到 $\nu_{max} = a$ 的值。从这些图中估计的不准确性是不可靠的。这种情况下，进行非线性最小二乘分析更好，通过图形法得到参数的初始估计。

表 6.2 脲酶作用下尿素的转化率 ν 是尿素浓度 $[S]$ 的函数。为生成 Lineweaver-Burk 图，表中给出了相应的倒数值。$1/\nu$ 的标准不确定度等于 σ_v/ν^2

$[S]/$ mM	$1/[S]/$ mM^{-1}	$\nu/$ mmol·min^{-1}	$\sigma_\nu/$ mg^{-1}	$1/\nu/$ mmol^{-1}·min	$\sigma_1/\nu/$ mg
30	0.03333	3.09	0.2	0.3236	0.0209
60	0.01667	5.52	0.2	0.1812	0.0066
100	0.01000	7.59	0.2	0.1318	0.0035
150	0.00667	8.72	0.2	0.1147	0.0026
250	0.00400	10.69	0.2	0.09355	0.0018
400	0.00250	12.34	0.2	0.08104	0.0013

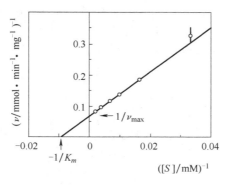

图 6.2 表 6.2 中数据的 Lineweaver-Burk 图

⊖ 示例取自 Price 和 Dwek（1979），带有附加噪声。

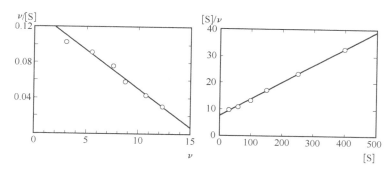

图 6.3　表 6.2 中数据的 Eadie-Hofstee（左）和 Hanes（右）图

6.3　参数精度的图形估计

上一节中，你已经了解了如何绘制数据的线性关系图，以及如何通过绘制过数据点的"最优"直线来估计线性函数的两个参数。在本节中，我们将介绍如何对这些参数的不确定度进行简单的估计。通常有这样的估计就足够了，如果不够，则需要更精确的最小二乘拟合。

要想估计不确定度，你需要在绘图时加上误差棒。如果独立变量 x（在水平标度上）的不确定度可以忽略不计，则只需要画出从 $y-\sigma_y$ 到 $y+\sigma_y$ 的垂直误差棒即可。如果 x 存在相当大的不确定度时，还必须包括从 $x-\sigma_x$ 到 $x+\sigma_x$ 的水平误差棒。用主轴长度为 $2\sigma_x$ 和 $2\sigma_y$ 的椭圆就可以清楚地表示。

过数据点的最优直线拟合所有的 (x_i, y_i)，越接近越好。第一个要求就是所画直线与各个点偏差之和（包括符号）等于（接近于）零。但仅仅这个要求不能确定这条直线！因为过"质心"⊖（$\langle x \rangle$，$\langle y \rangle$）的任意直线都满足这个标准。这个标准不仅要全局成立，而且在局部上也要成立。不妨将数据点分为两组，每组数据点一个质心，构造的直线最好通过两个质心，这就是一个很好方法（见图 6.4）。

⊖　"质量"可以看作"统计权重"。

画出一条直线 $f(x) = ax+b$ 后，由直线的斜率以及直线与 y 轴的交点可以确定参数 a 和 b。如果 $x = 0$ 不在数据点的 x 值范围内，要确定 b 可能就比较难了。还有一个更好的方法就是确定数据点的"质心"（$\langle x \rangle$，$\langle y \rangle$）。最优拟合一定通过这个点，我们将会在第 7 章介绍。只需要估计斜率 a 即可：

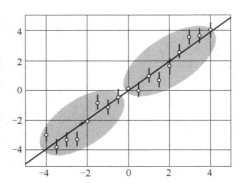

图 6.4 过两个点云的"质心"的直线近似于所有点的线性拟合

$$f(x) = a(x-\langle x \rangle) + b \qquad (6.12)$$
$$b = \langle y \rangle \qquad (6.13)$$

这个关系的优点就是斜率与常数项的不确定度不相关。这样，估计 a 和 b 的不确定度就容易多了。

要想估计参数的不确定度，直线可以随着斜率 a（见图 6.5）或者常数项 b（见图 6.6）调整。由正态分布的性质可知，如果参数的变化为 $\pm\sigma$，则有 2/3 的点始终在这些直线内。因此，根据经验法则，对称地改变参数（每次一个），使得直线每边有 15% 的点落在外面。要注意那些与直线偏差明显的异常点。如何处理异常点的问题已经在 5.7 节讨论过了：删除或者重新测量。

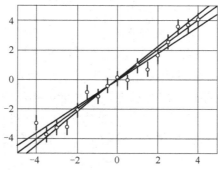

图 6.5 过"质心"的线性拟合，斜率变化为 $\pm10\%$（$a = 1.0\pm0.1$）

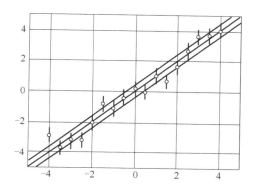

图 6.6　过"质心"的线性拟合，常数项变化为±0.4（$b = 0.0 \pm 0.4$）

6.4　校准

假设你通过仪器或者某种方法得到一个读数 y（如数字、指针偏转、弯月面高度），由此导出一个量 x（如浓度、电流、压力）。如果没有正确的校准仪器（即读数与测量量不能直接可靠地对应时），应当自行校准仪器。为此，可以通过测量 x 的若干已知精确值的读数生成一个校准表，最好是一条校准曲线。用这些数据可以制成表格，或者绘制曲线并插值，或者将 x 与 y 的关系表示成数学函数。通常，你绘制一张校正表或者绘制一条校正曲线，包含读数和校正值之差。必须要明确这个差值的含义：通常把校正加到读数上得到真值。无论什么情形，对任何测量读数，都可以通过校准关系反向推断出相应 x 的值。接下来如何做，如何确定 x 的不确定度呢？

要明确！

几个世纪以来，水手和航海家一直在处理磁罗盘校正的问题，尽管有了现代电子辅助设备，但也只是减少了这样的问题。首先必须要校正罗盘读数（C），把由于船舶本身磁性和亚铁材料的影响而产生的偏差加上，才能得到磁方位（M）；然后，必须再加上由于磁北极位置（与实际地理北极不一致）引起的磁变来校正磁方位，以获得实际方位（T）。传统的偏差和磁变如果为正，则表示为 E（东）；如果为负，则表示为 W（西）。符号错误会带来灾难性的后果，因此所有国家的海员都发明了助记符来提醒他们用正确的顺序加上或减去校正。一种有效的英语助记符是 CADET："Compass ADd East（可得）True（方位）"，它对偏差和磁变同样适用。在荷兰海军预备役部队中，有一种更受欢迎的助记符（KMR）"Kies de Meisjes van Rotterdam"（"选择鹿特丹的女孩"）：Kompas+deviatie→Magnetisch+variatie→Rechtwijzend（真实方位）。但要注意：美国航海家用助记符将校正颠倒过来"True Virgins Make Dull Company"（True+Variation→Magnetic+Deviation→Compass），校正符号也要颠倒过来，否则这是错误的。为了记住这一点，他们用"Add Whiskey"来记忆"加上西偏校正"。所以任何情况下都要当心和明确。参见表 6.3 ⊖ 和图 6.7。

表 6.3　美国克利夫兰号罗盘自差图（1984 年）列出了不同航向（head）偏离真正磁方位的罗盘自差（dev）。偏差 W（西）表示负，E（东）表示正；将偏差加到罗盘读数中，以获得船舶的真实磁方位

head	dev	head	dev	head	dev	head	dev
0	1.5W	90	1.0W	180	0.0	270	1.5E
15	0.5W	105	2.0W	195	0.5E	285	0.0
30	0.0	120	3.0W	210	1.5E	300	0.5W
45	0.0	135	2.5W	225	2.5E	315	2.0W
60	0.0	150	2.0W	240	2.0E	330	2.5W
75	0.5W	165	1.0W	255	2.5E	345	2.0W

　　图 6.7 中的最小二乘傅里叶分量的实现参见 Python 代码 6.1。关于一般最小二乘拟合，参见 7.3 节。

　　在校准过程中，确保覆盖了该方法用到的值的整个范围。外推通常不可靠，也不需要涵盖实际当中不可能会出现的值。画出过点的最

⊖　数据来自 www.tpub.com/context/administration/14220/css/14220_64.htm。

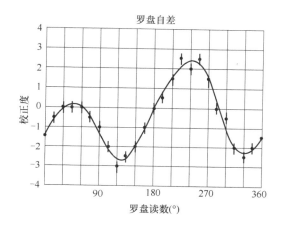

图 6.7　罗盘自差图（表 6.3）。因为校正精度为 0.5°，误差棒为±0.25°。所画直线用的是最小二乘法拟合，适用于四次谐波以下的傅里叶分量之和

优线，如果这条线不是直线，建议可以连接校准点之间的直线段得到最优线。如果复杂一些，可以运用三次样条拟合函数。现在，任意新的 x 测量值，只要给出读数 y，就可以很容易地从校准曲线读回量 x。

　　下面考虑测量的不确定度。主要有两个误差来源：一是读数 y 的不准确性 Δy；二是校准测量的不准确性导致校准曲线本身的不准确性。还应该注意其他误差的发生，例如上次校准后仪器老化引起的误差。x 的不确定度就是由这两类误差确定的，并且这两类误差相互独立，因此是平方相加。图 6.8 描述了这两类不准确性，给出了如何由光谱仪的光密度测量值推断溶液的浓度。在校准曲线两侧的一定距离上绘制两条平行曲线，表示校准本身的标准不确定度，这样可以直观地看到校准误差。

　　如果校准非常仔细，校准误差很可能小于读数中的直接误差。这种情况下，只考虑读数的标准不确定度 σ_y 就可以了。由下面这个关系式可以得出测量值的标准不确定度 σ_x：

$$\sigma_x = \frac{\sigma_y}{\left| \left(\dfrac{\mathrm{d}y}{\mathrm{d}x} \right)_{\mathrm{cal}} \right|} \tag{6.14}$$

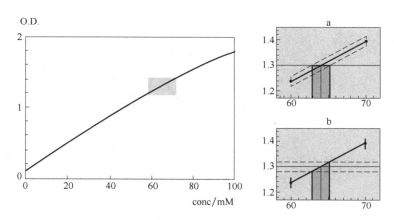

图 6.8 光谱测定溶液中发色团浓度的校准线示例：光密度 O. D. = log（入射强度/透射强度）作为溶质浓度的函数。右图中灰色区域被放大：a 浓度的校准误差，b 来自测量 O. D. 不准确性的浓度误差

小　结

本章学习了如何绘制数据图才可以使得函数关系显而易见，最好是一条直线。通过简单绘图，变换线的位置和斜率就可以粗略地估计出函数的参数，甚至参数的不准确性。文中还包括校准在仪器读数中的运用。应用校准了的校正时，就不会搞错符号。本章的目的是对数据进行快速判断，因此处理方法较为粗糙。下一章会给出更准确的方法。

习　题

6.1　画出一条"过"图 2.7 所示点的直线，并确定 $c(t) = c_0 e^{-kt}$ 中的参数。

6.2　根据图 6.2 和图 6.3，确定 $\nu_{\max}$ 和 K_m 的值。"用眼"画出过点（-0.0094, 0）和（0.04, 0.35）（Lineweaver-Burk），（0.04, 0.35）和（15, 0.007）（Eadie-Hofstee）；（0, 7.5）和（500, 39）（Hanes）。

6.3　绘制习题 3.2 中 k 与 $1000/T$ 关系对数图数据点的最优直线。确定关系式 $k = Ae^{(-E/RT)}$ 中的常数 E（单位是什么?）。估计 E 的不准确性。

6.4　如果测量光密度等于 1.38 ± 0.01，用图 6.8 确定浓度（包括 s. d.），假设校准误差可以忽略。

第7章

数据的拟合函数

想要用函数关系中的参数拟合实验数据，最好的方法就是采用最小二乘分析：最小化测量值与函数预测值偏差的平方和就可以求出参数。本章包括线性和非线性最小二乘拟合，也给出了如何检验拟合的正确性和有效性以及如何确定参数最优值的预期不准确性的方法。

7.1 简介

考虑下面问题：希望构造一个函数 $y = f(x)$，使得这个函数尽可能精确地拟合若干数据点 (x_i, y_i)，$i = 1, 2, \cdots, n$。从理论上讲，通常有多个函数可供选择，并且这些函数包含一个或者多个待定参数。要想选择"最优"的函数和参数，就必须运用某种方法来度量数据点与函数之间的偏差。如果这样的偏差是一个单值，只要选择使得偏差最小的函数即可。

这个问题并不简单明了，求解过程中很可能会陷入误区。例如，函数和参数的选择范围可能很广，同时数据集可能又很小，因此完全可以选择一个函数来精确拟合数据。如果有 n 个数据点，则拟合一个 $n-1$ 次多项式就可以通过所有的点，也可以拟合一个光滑的三次样条曲线通过所有的点。实际上，有无穷多种函数都可以拟合所有的点，但是某些函数只能说是对数据集的一种描述（见图 7.1）。充其量算是一种插值数据的非独立方法。

要想有所改进，需要做到两点。第一，函数选择的背后必须有正确的理论依据。理论越好，可以选择的函数和参数的范围就越有限。

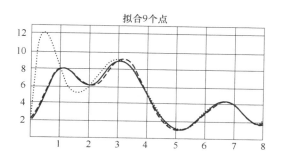

图 7.1 过 9 个等距点的三个拟合函数。为确保可以有周期解，
第一个和最后一个点取值相等。实线：周期三次样条（具有连续一阶
和二阶导数的分段三次多项式）。断点线：在每个点处用函数 $\sin\pi x/(\pi x)$ 展开
（Nyquist-Shannon 公式；所得函数的傅里叶变换没有波长小于两个单位的分量）。
虚线：运用拉格朗日公式构造（非周期）八次多项式拟合（Press 等，1992）。
基本不可能实现全局多项式拟合

第二，偏差度量必须具有统计相关性，即偏差的发生必须具有对应概率。例如，有 n 个独立的数据点（$n \gg 3$），并且理论上存在一个线性关系（两个参数）或者一个二次关系（三个参数）。显然，二次关系（线性关系作为二次关系的一个子集）比线性关系拟合得更好并且相应偏差度量也会更小。如果不考虑偏差度量的概率，一般情况下会更倾向于选择二次关系，但是如果有了概率度量后选择二次关系会过度拟合，而选择线性关系可能更合适。下面就会看到，在一定假设下，可以构造使偏差度量具有有意义的概率。

假设独立变量 x_i 是精确的，函数 $f(x)$ 是正确的关系，你希望因变量 y_i 与函数值 $f_i = f(x_i)$ 的偏差为服从某个概率分布的独立随机样本，该分布的均值为 0 并具有有限方差：

$$y_i = f(x_i) + \varepsilon_i \tag{7.1}$$

$$E(\varepsilon_i) = 0 \tag{7.2}$$

$$E(\varepsilon_i \varepsilon_j) = \sigma_i^2 \delta_{ij} \tag{7.3}$$

ε_i 称为拟合过程的残差，假设 x_i 是精确的仅是为了讨论起来更方便，如果 x_i 本身是来自概率分布的样本，7.2 节说明了如何处理数据

[参见式（7.11）]。同样，假设残差是独立的（至少假设为不相关）也只是为了方便：附录 I 给出了残差是相关的前提下，应该如何处理数据。

幸运的话，你对产生偏差的随机过程有一定认知，可能会得到有关残差概率分布的进一步信息。例如，如果已知残差 ε_i 是来自正态分布的独立样本，方差为 σ_i^2，就可以估计出（独立）残差 $\varepsilon_1, \varepsilon_2, \cdots, \varepsilon_n$ 发生的概率：

$$P(\varepsilon_1, \varepsilon_2, \cdots, \varepsilon_n) = \prod_{i=1}^{n} p(\varepsilon_i) \propto \exp\left(-\sum_{i=1}^{n} \frac{\varepsilon_i^2}{2\sigma_i^2}\right) = \exp\left(-\frac{1}{2}\chi^2\right)$$

（7.4）

其中 χ^2 定义为加权平方偏差和：

$$\chi^2 = \sum_{i=1}^{n} \frac{(y_i - f(x_i))^2}{\sigma_i^2}$$

（7.5）

这个概率积可以看作拟合的似然概率：一个使得似然概率更大的函数更有可能发生，可以认为使 χ^2 达到最小的函数就是最优拟合。找到了最优拟合后，你可以通过 χ^2 分析用最小 χ^2 值来评价拟合的质量。7.4 节将会讨论这个问题。7.5 节讨论的是函数参数（其方差和协方差）的不准确性。在第 8 章中，我们会更仔细地讨论选择"最优"函数背后的原则。

实际上可能没有那么幸运，事先不会知道是什么样的随机过程产生的偏差。通常，个体的方差是未知的，但这些方差的相对权重 w_i 已知。例如，如果数据点 i 是 100 个测量值的平均值，而数据点 j 是 25 次类似测量值的平均值，显然应该赋予点 i 是点 j 4 倍大的相对权重。或者，如果你有若干不确定度相似的测量值 t_i，但在拟合过程中使用的是 $y_i = \log t_i$，那么赋给值 y_i 的权重应该与 t_i^2 成比例。有关解释，请参考习题 7.6。现在，用加权残差平方和 S 最小化代替 χ^2 最小化：

$$S = \sum_{i=1}^{n} w_i(y_i - f_i)^2$$

（7.6）

但是，当然也就不能再使用 S 的最小值来评价拟合的质量。如果能确认函数形式，并且有理由假设残差仅是某个方差未知分布的随机样本，则可以得到这个分布的方差估计。进而得到函数参数的不准确性（方差以及协方差）。

所以，拟合过程中精度的确定有两种可能：要么运用数据的已知不确定度（如果可用），要么运用平方偏差和的观测值。如果两者兼容，则使用更可靠的一个，或者在有疑问时选择更高的不确定度。如果都是可靠的但不兼容（根据 χ^2 分析），那么回到上一个步骤，检查数据和误差估计（可能需要再次测量）并修正相应的理论。

7.2　线性回归

线性回归是线性函数的参数对数据集的最小二乘拟合：

$$f(x) = ax + b \tag{7.7}$$

其中，a 和 b 为函数的可调参数。给定一个独立数据集 (x_i, y_i)，$i = 1$，$2, \cdots, n$，个体权重 w_i 是可选的，接下来通过调整参数 a 和 b 实现（加权）平方偏差和最小，即

$$S = \sum_{i=1}^{n} w_i (y_i - f_i)^2 \text{最小} \tag{7.8}$$

其中

$$f_i = f(x_i) = ax_i + b \tag{7.9}$$

不妨用 x 表示独立变量，也称为解释变量，如果没有随机偏差，y 的值随 x 变化而变化。有可能会有多个解释变量，所以有 $f_i = f(\boldsymbol{x})$，其中 $\boldsymbol{x}$ 是一个矢量，相应参数 a 也是一个矢量。这种情况下的最小二乘求解会复杂一些。多维线性回归的内容参见附录 I。

式（7.7）关于 x 是线性的，与参数 a 和 b 也具有线性关系，最小化问题式（7.8）有解析解。因此，对于 $ax^2 + bx + c$ 或者 $a + b\log x + c/x$ 这样函数的最小二乘最小化问题也可以通过线性回归来求解。附录 I 给出了相应的解释。这里我们只考虑 x 的线性函数。

因子 w_i 为数据点的统计权重。数据点来自同一个统计分布，因此一般认为它们具有相同的权重，这种情况下 w_i 可以都取值为 1。如果数据点的标准偏差 σ_i 不同，则权重不相等，权重取值必须等于（或

者成比例）$1/\sigma_i^2$（注意：不是与 $1/\sigma$ 成比例！）

x 的不确定度

如果 x 的不确定度可以忽略（这也是常见情况），标准偏差 σ_i 直接取 y_i 的标准偏差。如果 x 的不确定度不能忽略（但是与 y_i 的偏差相互独立），而我们要处理的是 $y_i-f(x_i)$ 的不确定度，所以 σ_i^2 必须替换为

$$\sigma_i^2 = \sigma_{yi}^2 + \left(\frac{\partial f}{\partial x}\right)_{x=x_i}^2 \sigma_{xi}^2 \qquad (7.10)$$

考虑线性关系式（7.7），则该式化简为

$$\sigma_i^2 = \sigma_{yi}^2 + a^2\sigma_{xi}^2 \qquad (7.11)$$

要确定这个值，就要先求 a 的值（a 是未知的）。但是对于这一点，粗略的估计（例如通过图形法绘制草图）就足够了。

最优参数估计

一般最小二乘最小化问题［式（7.8）］的求解，需要计算机程序来实现。但如果是线性关系，这个解可以用简单的解析式表示。只要令两个偏导数 $\partial S/\partial a$ 以及 $\partial S/\partial b$ 等于零，就可以从两个方程中得出这个解，具体过程参见附录 I。此处只给出结果等式。

由测量数据点的若干平均值可以得到参数 a 和 b。正如 5.6 节一样［例如式（5.20）］，在确定平均值时要考虑到权重。例如：

$$\langle xy \rangle = \frac{1}{w}\sum_{i=1}^{n} w_i x_i y_i, \quad w = \sum_{i=1}^{n} w_i \qquad (7.12)$$

参数为

$$a = \frac{\langle (\Delta x)(\Delta y) \rangle}{\langle (\Delta x)^2 \rangle}, \quad b = \langle y \rangle - a\langle x \rangle \qquad (7.13)$$

其中

$$\Delta x = x - \langle x \rangle, \quad \Delta y = y - \langle y \rangle \qquad (7.14)$$

计算这些平均值可以不用先减去 x 和 y 的平均值，因为

$$\langle (\Delta x)(\Delta y) \rangle = \langle xy \rangle - \langle x \rangle\langle y \rangle \qquad (7.15)$$

$$\langle (\Delta x)^2 \rangle = \langle x^2 \rangle - \langle x \rangle^2 \qquad (7.16)$$

如果减去的是两个很大的数，要注意数值精度。

从式（7.13）中 b 的等式可以看出，最优方程过点（$\langle x \rangle$, $\langle y \rangle$），也就是点集的"质量中心"（质心）。6.3 节讨论图形估计时也用到了这一点。

参数的不确定度

a 与 b 标准不确定度 σ_a 和 σ_b 的估计为方差估计 $\hat{\sigma}_a^2$ 和 $\hat{\sigma}_b^2$ 的平方根。根据函数 $\chi^2(a, b)$ 的性质，从似然函数［式（7.4）］就可以推导出 $\hat{\sigma}_a^2$ 和 $\hat{\sigma}_b^2$：

$$p(a,b) \propto \exp\left(-\frac{1}{2}\chi^2(a,b)\right) \tag{7.17}$$

$\chi^2(a,b)$ 是 a 和 b 的二次函数，因此概率分布 $p(a,b)$ 是偏差 Δa 和 Δb 的二元正态分布，其中 Δa 和 Δb 是与最小值处参数值的偏差。$(\Delta a)^2$，$(\Delta a)(\Delta b)$ 以及 $(\Delta b)^2$ 这些项的系数确定了 a 与 b 的方差和协方差，原因参考 7.5 节以及附录 I。如果由数据本身估计 χ^2（即由 S 的最小值 S_0），则（协）方差估计为

$$\mathrm{Var}(a) = \hat{\sigma}_a^2 = \frac{S_0}{w(n-2)\langle (\Delta x)^2 \rangle} \tag{7.18}$$

$$\mathrm{Var}(b) = \hat{\sigma}_b^2 = \hat{\sigma}_a^2 \langle x^2 \rangle \tag{7.19}$$

$$\mathrm{Cov}(a,b) = -\hat{\sigma}_a^2 \langle x \rangle \tag{7.20}$$

其中 w 为所有点的总权重。一般情况下，每个权重都取值为 1，则 w 很简单，等于观察次数 n。

式（7.18）中的 $n-2$ 表示自由度的个数：（独立）数据点的个数减去函数参数的个数。附录 I 有详细的解释，也可以大致解释为两个点来确定两个参数，只有 $n-2$ 个点用来确定与拟合的偏差。这就意味着：可以过两个点画一条直线，若 $n=2$，$S=0$，依然无法确定不确定度。

参数之间的协方差

协方差 $\mathrm{Cov}(a,b)$ 表示 a 与 b 的偏差是否相关：a 的偏差可以由 b 的偏差补偿到什么程度？确定参数函数的不确定度一定会用到协方差，例如用于数据的插值或者外推。参见有关内容和附录 A。

常常会用到协方差除以 $\hat{\sigma}_a \hat{\sigma}_b$ 这个表达式，并称其为 a 和 b 的相关

系数（一个无量纲的值，介于-1 到+1 之间）：

$$\rho_{ab} = \frac{\text{Cov}(a,b)}{\hat{\sigma}_a \hat{\sigma}_b} = -\frac{\langle x \rangle}{\sqrt{\langle x^2 \rangle}} \qquad (7.21)$$

注意，当 $\langle x \rangle = 0$ 时，即当"质量中心"位于 x 为零的点时，a 与 b 是不相关的（$\rho_{ab}=0$）。所以，如果是线性函数

$$f(x) = a(x - \langle x \rangle) + b \qquad (7.22)$$

就可以确定 a 与 b 是不相关的。同时，就可以直接得出

$$b = \langle y \rangle \qquad (7.23)$$

这样，外推就简单多了：如果要确定 $f(x)$ 在任意点 x 处的不准确性，只要将每一项的不准确性平方相加就可以了：

$$\sigma_f^2 = \sigma_a^2 (x - \langle x \rangle)^2 + \sigma_b^2 \qquad (7.24)$$

如果是线性函数 $f(x) = ax + b$，则需要修正（参见附录 A）：

$$\sigma_f^2 = \sigma_a^2 x^2 + \sigma_b^2 + 2\rho_{ab}\sigma_a \sigma_b x \qquad (7.25)$$

应该用 S_0 还是 χ_0^2

正如我们所看到的，（协）方差与最小平方和成比例：我们已经使用了测量偏差确定参数的不确定度。如果个体的标准偏差 σ_i 未知，这是唯一的选择。如果个体的标准偏差 σ_i 已知并且可靠，则也可以用来确定参数的不确定度。这种情况下，必须用已知的 $1/\sum \sigma_i^{-2}$ 来代替 $S_0 / [w(n-2)]$。不论是做出哪种选择，通常都要先进行 χ^2 分析（7.4节）。更详细的讨论参见 7.4 节以及 7.5 节的内容。

数据列的 x,y 值相关系数

一系列数据点落在一条直线上的程度可以用一个量来度量。这个量就是数据列的 x，y 值的相关系数 r。只有当这些点的 x，y 值具有强相关性时，它们才能接近一条直线。不要将这个相关系数与前面提到的 a，b 之间的相关系数 ρ_{ab}［式（7.21）］混淆在一起。ρ_{ab} 是由估计概率分布的期望所得，而 r 是一个数据集本身的性质：

$$r = \frac{\langle (\Delta x)(\Delta y) \rangle}{\sqrt{\langle (\Delta x)^2 \rangle \langle (\Delta y)^2 \rangle}} \qquad (7.26)$$

$$= a \sqrt{\frac{\langle (\Delta x)^2 \rangle}{\langle (\Delta y)^2 \rangle}} \qquad (7.27)$$

当 $r=\pm 1$ 时，具有完全相关性：这些点恰好都落在一条直线上。当 $r=0$ 时，没有相关性并且用线性函数拟合数据没有任何意义。一个合理的相关系数绝对值应达到 0.9 以上。

相关系数小于 1.0 表示数据偏离线性关系，但表示不出如何偏离。图 7.2a 和图 7.2b 中的两组数据的相关系数相同，均为 0.9，但是与最佳拟合直线的偏离方式有很大不同。从图中也可以看出，$r=0.9$ 并不能说明用直线拟合是令人满意的。

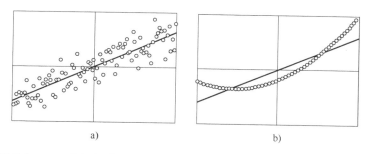

a)   b)

图 7.2 x，y 之间相关系数均为 0.9 的两组数据 x_i，y_i。轴上没有数字：相关系数不依赖于轴的线性缩放或平移。绘制的线是点的最优线性拟合

7.3 一般最小二乘拟合

拟合函数的一般形式为 $f(x, \boldsymbol{\theta})$，其中参数 $\boldsymbol{\theta} = (\theta_1, \cdots, \theta_n)$，而不是 $ax+b$。下面分几种情况讨论：

（1）f 关于 θ 是线性的。函数关于所有的参数都是线性的，例如

$$f(x) = ax^2 + bx + c \tag{7.28}$$

$$f(x) = a + b\exp(-k_1 x) + c\exp(-k_2 x) \tag{7.29}$$

$$(k_1, k_2 \text{ 为已知常数})$$

$$f(x) = ax + b/x + c \tag{7.30}$$

仍然可以通过最小化 S［式（7.8）］求解析（加权）最小二乘解，但是要用到矩阵代数。详细内容参考附录 I。

（2）f 关于若干变量是线性的。函数关于一个以上独立（解释）

变量是线性的，例如

$$f(\xi,\eta,\zeta) = a\xi+b\eta+c\zeta+d \tag{7.31}$$

其中 ξ,η,ζ 是独立变量，a,b,c,d 是参数。同样可以通过矩阵代数得到解析最小二乘解。这种函数的处理也参考附录 I。

（3）f 是非线性的，但是可以线性化。一个带有参数非线性函数通常可以变换为线性函数，正如 6.2 节中，为得到线性图像所做的变换。例如，函数 $f(t) = a\exp(-kt)$ 关于参数 k 是非线性的。但是，如果取对数

$$\ln f(t) = -kt+\ln a \tag{7.32}$$

就可以得到一个关于 k 的线性函数，函数的形式为 $ax+b$。这样就可以对点 $(t_i,\ln y_i)$ 运用线性回归并确定 k 以及 $\ln a$。但是要注意权重：如果 y 所有值的标准偏差 σ 都相等，则值 $\ln y_i$ 具有不同的权重：

$$\sigma_{\ln y} = \left|\frac{\mathrm{d}\ln y}{\mathrm{d}y}\right|\sigma_y = \sigma_y/y_i \tag{7.33}$$

这种情况下，应该取权重 w_i 等于（成比例于）y_i^2。当 t 取值很大时，随机偏差可能会导致 y 的取值为负，这是无法处理的。不能选择性地忽略负值，否则会导致结果有偏差。最好的方法是忽略 t 值大于第一次出现负 y 值的所有点。更好的方法是使用一般的非线性拟合过程。

（4）f 是非线性的：一般情形。带有参数的非线性函数一般是不能被线性化的。例如，

$$f(t) = a\exp(-kt)+b \tag{7.34}$$

这个函数就不能转化为关于参数 a,b,k 的线性函数，从而要用到非线性最小二乘拟合过程。这种情况没有解析解，并且只能通过迭代最小化函数实现。有几种最小化函数可用，有些要求解析可导，有些则不需要。后者使用起来更简单。无论哪种情况，都需要有参数的初始估计，对于某些函数，错误的估计可能导致最小化过程失败。图形分析会有助于对初始值的估计。

下面给出一个运用 Python 实现的非线性最小二乘最小化的例子。

例子：非线性拟合

以表 6.2 中酶动力学的数据为例。给出六个权重相等的数据点

S_i，v_i 以及函数

$$f(S,p) = \frac{p_0 S}{p_1 + S} \qquad (7.35)$$

$$p = [v_{\max}, K_m] \qquad (7.36)$$

我们的任务是拟合函数的两个参数 $p_0 = v_{\max}$，$p_1 = K_m$，使得平方和

$$\mathrm{SSQ} = \sum_i [v_i - f(S_i, p)]^2 \qquad (7.37)$$

达到最小。一种方法是利用来自 SciPy 库 optimize 模块的 Python 最小二乘最小化函数 leastsq。这个函数要求有具体的残差 $y_i - f_i$（或如果 s. d. 已知，$(y_i - f_i)/\sigma_i$）并且是参数 p 的函数，但对可导性没有要求。它必须通过 p 的初始估计来调用，为此我们选择习题 7.6 中用图解法找到的值：

$$p_{\mathrm{init}} = [15, 105] \qquad (7.38)$$

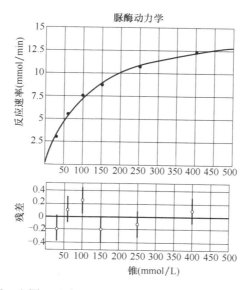

图 7.3　上图：脲酶反应速率数据及其最小二乘拟合函数。
下图：带误差棒的残差 $y_i - f_i$，更清楚地显示偏差是否具有随机性

取式（7.38）作为初始值，SSQ 等于 0.375。应用最小化程序后，

可得参数为

$$p_{min} = [15.75, 114.65] \qquad (7.39)$$

并且最小 SSQ 为 0.171。如图 7.3 所示为拟合以及残差的图形。第二个图显示了误差棒的大小，使得系统偏差具有可视性。稍后，我们将看到参数的不确定度有多大。

另一种方法运用的是 Python 程序 fmin_powell，同样来自 SciPy 库 optimize 模块。这种最小化程序，必须要定义最小化的函数。fmin_powell 不如 leastsq 精确，最好应用多次。

实现这些最小化方法的 Python 代码参见 Python 代码 7.1。

只是确定了参数的最优值，问题还没有解决！还需要评价拟合的正确性以及估计参数的不确定度。回答这些问题的关键在于参数的函数——χ^2 的值。接下来两节的内容就来解决这些问题。

7.4 卡方检验

假设通过函数参数对数据集进行了最小二乘拟合。拟合是否合理，即带实验误差的数据是否与函数关系一致？答案所依据的标准是什么？什么样是"合理的"？

与拟合的偏差有两种预期：拟合可能不够好，但也可能过于好。当函数的参数太少或函数形状不正确时，数据会有超过预期随机误差的系统偏差。当参数太多时，函数拟合（如果成功的话）将过于接近数据，随机误差的偏差将小于预期。

通常，首先要检验偏差 $y_i - f_i$（即残差）与 x 的依赖关系。一个成功拟合产生的残差为某个随机分布的样本（通常是正态分布）。一般情况下，很容易从残差与 x 的关系图中看出系统偏差。如果看到这样的偏差，说明拟合不合理并且需要重新考虑函数的选择。

如果没有明显的偏差，下一步就是进行卡方检验。假设偏差是来自一个（已知）概率分布的样本，该检验检查平方偏差和与预期是否一致。卡方检验只适用于对每个数据点的标准误差 σ_i 有可靠先验估计这种情况。如果不知道预期偏差的先验知识，如何进行下一步？本

节最后给出了答案。确定 χ^2 的最小值，定义为

$$\chi_0^2 \stackrel{\text{def}}{=} \sum_{i=1}^n \frac{(y_i - f_i)^2}{\sigma_i^2} \qquad (7.40)$$

其中 f_i 为最优参数下的取值。如果所有的权重相等并且取值为方差的倒数：

$$w_i = \sigma_i^{-2} \qquad (7.41)$$

式（7.40）就是 S_0 的值 [式（7.6）]。请注意：如果取权重与方差的倒数成比例但不相等从而确定 S，则 χ_0^2 为

$$\chi_0^2 = \frac{S_0}{w} \sum_{i=1}^n \sigma_i^{-2} \qquad (7.42)$$

其中 w 为总权重 $\sum w_i$（参见习题 7.6）。

因为卡方和中的每一项的期望都应该是 1，自然认为和应该接近 n。这并不完全正确：对于线性回归，两个自由度已经"用于"确定两个参数 a，b，所以自由度 ν 等于 $n-2$，并且 χ^2 近似等于 $\nu = n-2$。一般来说，如果有 m 个可调参数，则自由度为 $n-m$。但 χ^2 围绕这个值有一个概率分布。在每个偏差服从正态分布的前提下，该概率函数依赖于 ν，表示为 $f(\chi^2 \mid \nu)$。自由度越大，卡方分布就变得越窄。函数 $f(\chi^2 \mid \nu)$ 相当复杂（参见第 4 部分的卡方分布的相关等式），但它具有很实用的性质，即 ν 较大时，卡方分布接近正态分布。卡方分布的均值等于 ν，标准偏差等于 $\sqrt{2\nu}$；这不仅仅对 ν 取值非常大的极限情况成立，对所有的 ν 都成立。

卡方分布表并没有给出概率密度，但是给出了累积分布函数（cdf）$F(\chi^2 \mid \nu)$：平方和不超过 χ^2 值的概率。生存函数（sf）$1 - F(\chi^2 \mid \nu)$ 表示超过 χ^2 值的概率。第 4 部分的卡方分布给出了可接受限为 1%，10%，50%，90% 和 99% 的可接受 χ^2 值的表。大部分统计方面的书籍（以及化学与物理手册）包含的表更大，但是你可能会发现使用 SciPy 库的 Python 常规程序更简单。

生成卡方概率的 Python 代码参见 Python 代码 7.2。

分布表或 Python 代码的使用，如下所示。首先设定一个可接受标准，例如在 1% ~ 99% 之间，或者在 10% ~ 90% 之间。由于选择是主观

的，公布结果时应该报告所选的标准。在下面的例子中，我们选择 10%~90%概率限。一方面，如果最小二乘 χ^2 值小于 10%的值，则不接受结果是随机出现的，并认为拟合度过于好。函数参数太多，同样的数据应尝试一个更简单的函数：数据不适用复杂函数。另一方面，如果最小二乘 χ^2 值超过 90%的值，同样不接受结果是随机出现的，并认为数据明显偏离函数。在这种情况下，找一个函数可以更好地描述数据，其可能有更多的参数。在这两种情况下，重新审视数据以及方差的原始估计也是一种很好的选择。

例 1

在脲酶动力学的例子（参见 7.3 节）中，最小二乘拟合给出了平方偏差和 SSQ 的最小值为 0.171。数据 y_i 的 s. d. 为 0.2mmol/min，所以 χ^2 的最小值似乎为 $0.171/0.2^2 = 4.275$。这与自由度 $\nu = n - m = 6 - 2 = 4$ 非常接近，可以认为偏差与随机波动是一致的。实际上，卡方分布的 cdf（4.275，4）等于 0.63，这是一个完全不显著的偏差。

例 2

有 10 个独立测量值 (x, y)，其中 x 是精确的，y 的标准不确定度 σ 已知。用一个简单的理论，预测 y 是 x 的线性函数 $y = ax + b$，但是有更精确的理论预测是二次函数 $y = px^2 + qx + r$。您的数据以 90%置信水平适用精确理论在简单理论之上？对这两个函数进行线性最小二乘拟合，取 $1/\sigma^2$ 作为所有点的权重因子。对于线性函数，$S = \chi^2 = 14.2$，而对于二次函数，$S = \chi^2 = 7.3$。由第 4 部分的卡方分布可知 14.2 位于 90%限之上，因此（根据选择的可接受标准）不能接受。二次函数（具有 7 个自由度）确实是可以接受的，并且数据证明了使用它的合理性。如果这些值为 12.3（线性函数）和 6.5（二次函数），则尽管二次函数比线性函数拟合得更好，也不建议使用二次函数。

如果数据的标准不确定度未知或不准确，你应该怎么做？这种情况下，建议不使用卡方检验。很可能你把实验不确定度高估为 2 倍，这就使得 χ^2 缩小为原来的 1/4，例如 10 个自由度下，精确值为 8，但是得到的值为 2。精确值 8 完全可接受，但是值 2 低于 1%的概率限，这就使得拟合不能接受。因此，基于错误的不确定度先验估计可能得出错误的结论。这个例子表明，一个正确的卡方分析要求数据点不准确性的先验信息应该相当精确。

如果数据足够多，你可以使用数据本身来确定测量值 y 的不确定度。如果取 χ^2 的最优估计为 $\chi_0^2 = n-m$，则通过最小平方偏差和 S_0 得出个体方差估计 $\hat{\sigma}_i^2$ 的信息，关系为

$$\hat{\sigma}_i^2 = \frac{S_0}{(n-m)w_i} \tag{7.43}$$

令 $w_i = c/\sigma_i^2$，并且从

$$\hat{\chi}_0^2 = \frac{S_0}{c} = n-m \tag{7.44}$$

中求解出 c，很容易可以得出式（7.43）。请注意，一般情况下权重相等并且 $w_i = 1$，有 $\hat{\sigma}^2 = S_0/(n-m)$。

当然，现在不能用 $\hat{\chi}_0^2$ 去评价拟合的质量。因此，应采用其他标准来分析残差 $\varepsilon_i = y_i - f_i$ 的随机特征。与 x 的关系图应该显示不出系统偏差。累积分布函数应类似于对称的正态分布。如果取一部分数据，不同部分的统计特征（例如均值和方差）不应该有显著不同。

7.5　参数的精度

假设已经运用了最小二乘拟合并且残差符合随机性检验，因此可以相信数据标准不确定度的值。无论是有了数据点标准不确定度的准确先验知识，还是已经缩放了不确定度使得 χ^2 在最小值问题中的值恰好等于 $n-m$，两种情况下 χ^2 都是参数的函数。下面就来计算拟合参数的方差和协方差。

本节给出了几个一般方程：方程的推导参考附录 I。我们依然从 n 个数据点 (x_i, y_i) 开始，并且运用最小二乘拟合一个含 m 个参数 θ_k，$k = 1, 2, \cdots, m$ 的（线性或非线性）函数。过程中产生了 χ^2，χ^2 是参数的函数并且在参数取最优估计 $\hat{\theta}_i$ 时达到最小值 χ_0^2。由于 χ_0^2 是最小值，函数 $\chi^2(\theta_1, \theta_2, \cdots, \theta_m)$ 在最小值的邻域内是二次的（二次项为 χ^2 最小值泰勒展开式中的第一项，同样适用于参数是非线性的拟合函数）。

参数（协）方差的推导中，矩阵 $\boldsymbol{B}$ 起到重要作用，$\boldsymbol{B}$ 的元素为

$$\boldsymbol{B}_{kl} = \sum_{i=1}^{n} \frac{1}{\sigma_i^2} \frac{\partial f_i}{\partial \theta_k} \frac{\partial f_i}{\partial \theta_l} \tag{7.45}$$

如果函数关于参数 θ 是线性的，那么 f 关于 θ 的偏导数是常数；如果函数是非线性的，则要取参数在最佳拟合值 $\hat{\theta}$ 的处的导数。该矩阵也是函数 $\chi^2(\boldsymbol{\theta})$ 的二阶导数矩阵的一半（参见附录 I）：

$$\boldsymbol{B}_{kl} = \frac{1}{2} \frac{\partial^2 \chi^2}{\partial \theta_k \partial \theta_l} \tag{7.46}$$

这意味着 $\boldsymbol{B}$ 量化了函数 $\chi^2(\theta_1, \theta_2, \cdots, \theta_m)$ 在最小值处的曲率：

$$\Delta \chi^2 = \chi^2(\theta) - \chi^2(\hat{\theta}) \tag{7.47}$$

$$\approx \sum_{k,l=1}^{m} \boldsymbol{B}_{kl} \Delta \theta_k \Delta \theta_l \tag{7.48}$$

其中 $\Delta \theta_k = \theta_k - \hat{\theta}_k$。如果是线性函数，则可以把式中的符号 $\approx$ 换成 $=$。

参数的协方差

参数的（协）方差与似然概率［式（7.4）］一致：

$$p(\boldsymbol{\theta}) \propto \exp\left[-\frac{1}{2}\Delta \chi^2(\boldsymbol{\theta})\right] \tag{7.49}$$

将式（7.48）代入式（7.49）就得到一个二元正态分布。参数的（协）方差就是 $\boldsymbol{B}$ 的逆矩阵，附录 I 给出了更详细的解释。用 $\boldsymbol{C}$ 表示逆矩阵：

$$\boldsymbol{C} = \boldsymbol{B}^{-1} \tag{7.50}$$

那么

$$\mathrm{Cov}(\theta_k, \theta_l) = C_{kl} \tag{7.51}$$

从协方差矩阵中可以得到 θ_k 的标准偏差 σ_{θ_k}（也就是它的标准不准确性）：

$$\sigma_{\theta_k} = \sqrt{C_{kk}} \tag{7.52}$$

θ_k 与 θ_l 的相关系数 ρ_{kl} 为

$$\rho_{kl} = \frac{C_{kl}}{\sqrt{C_{kk}C_{ll}}} \tag{7.53}$$

因此，矩阵 $\boldsymbol{C}$ 足以估计参数的不准确性以及参数的相互关系。下面的

两小节将通过图形对参数分布的一维和二维情形加以说明。

χ^2 与一维参数分布的关系

表 7.1 给出了 $\Delta \chi^2$ 与一个参数情形下 $\Delta \theta$ 分布函数之间的关系，其中

$$p(\Delta \theta) = p(0) \exp\left[-\frac{1}{2}\Delta \chi^2(\Delta \theta)\right] \qquad (7.54)$$

$$\Delta \chi^2(\Delta \theta) = b(\Delta \theta)^2 \qquad (7.55)$$

b 是展开式（7.48）中的矩阵元素 B_{11}，$1/b$ 是方差 σ_θ^2。当 $\Delta \chi^2 = 1$ 时，就可以达到标准偏差（请注意，这是一个有关 $\Delta \chi_0^2$ 的分数 $1/\nu$，$\Delta \chi_0^2$ 的期望为自由度 ν）。当 $\Delta \chi^2 = 4$ 时，就可以达到两倍标准偏差。图 7.4 给出了这个相关关系。

$\Delta \chi^2$ 与 $p(\Delta \theta)$ 的关系不仅在单个参数的情形成立。如果有多个参数，并且想要知道某个具体参数 θ_1 的边缘概率分布，则将 $\Delta \chi^2$ 关于所有其他参数最小化并计算函数 $\Delta \chi^2(\Delta \theta_1)$ 就足够了。所以当其他参数取它们的最小二乘值时，如果 $\Delta \chi^2(\Delta \theta_1) = 1$，就可以达到 $\Delta \theta_1$ 的标准偏差。附录 I 给出了具体解释。

表 7.1　$\Delta \chi^2$ 与单个参数 θ 概率分布的关系

$\Delta \chi^2$	$p(\Delta \theta)/p(0)$	$\Delta \theta$	$P(-\Delta \theta, \Delta \theta)$
0.00	1.00000	0.0000	0.00%
0.50	0.77880	0.7071	52.05%
1.00	0.60653	1.0000	68.27%
1.50	0.47237	1.2247	77.93%
2.00	0.36788	1.4142	84.27%
2.50	0.28650	1.5811	88.62%
3.00	0.22313	1.7321	91.67%
3.50	0.17377	1.8708	93.86%
4.00	0.13534	2.0000	95.45%
4.50	0.10540	2.1213	96.61%
5.00	0.08208	2.2361	97.47%

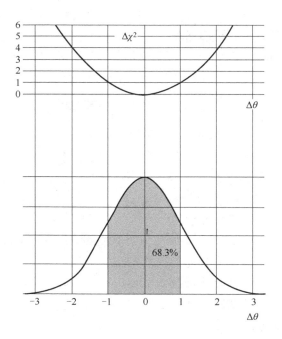

图 7.4 $\Delta \chi^2$ 与一个单参数 θ 的概率分布的关系

χ^2 与二维参数分布的关系

两个参数的情形下，$\Delta \chi^2$ 是两个参数 $\Delta \theta_1$，$\Delta \theta_2$ 的二次函数。要注意这个重要的特征：等值线 $\Delta \chi^2 = 1$ 的垂直切线和水平切线分别位于 $\theta_1 = \pm \sigma_1$ 和 $\theta_2 = \pm \sigma_2$。附录Ⅰ解释了原因。表 7.2 给出了 $\Delta \chi^2$，它们的切线投影以及联合（$\Delta \theta_1, \Delta \theta_2$）落在对应 $\Delta \chi^2$ 等值线内的整体百分数概率。落在等值线内的整体概率 $P(\Delta \chi^2)$ 是 $\Delta \chi^2$ 的一个简单函数：

$$P = 1 - \exp\left(-\frac{1}{2}\Delta \chi^2\right) \tag{7.56}$$

反解可得

$$\Delta \chi^2 = -2\ln(1-P) \tag{7.57}$$

例如，表示整体联合概率为 99% 的 θ 值落在等值线 $\Delta \chi^2 = -2\ln 0.01 = 9.21$ 上。

再来看一个例子（见图7.5），其中 B 以及 $C = B^{-1}$ 为

$$B = \frac{1}{3}\begin{pmatrix} 1 & -1 \\ -1 & 4 \end{pmatrix}, \quad C = \begin{pmatrix} 4 & 1 \\ 1 & 1 \end{pmatrix}$$

由第二个式子可知

$$\sigma_1 = 2, \sigma_2 = 1, \rho_{12} = 0.5$$

图7.5所示是等值线图：每一条等值线包围的是两个参数联合概率超过给定水平的所有值。参数值在等值线 $\Delta\chi^2 = 1$（暗灰色区域）内的整体联合概率等于39%（见表7.2）；在 $\Delta\theta_1$ 轴上的投影表示标准偏差 $\sigma_1 = 2$。因此，$\Delta\theta_1$ 的整体边缘概率（浅灰色区域）等于正态分布 $\pm\sigma$ 之间的概率68%。从等值线 $\Delta\chi^2 = 1$ 也可以读取相关系数 ρ 的值：该等值线与 $\Delta\theta_1$ 轴相交于值 $\sigma_1\sqrt{1-\rho^2}$ 处，$\Delta\theta_2$ 轴同理。$|\rho|$ 越大，椭圆在对角线方向越长。ρ 取正时，长轴位于西南—东北方向；ρ 取负时，长轴位于西北—东南方向。

表7.2 $\Delta\chi^2$ 与两个参数 $\Delta\theta_1$，$\Delta\theta_2$ 的二维概率分布的关系

$\Delta\chi^2$ 等值线	切线投影 σ 为单位	P（等值线）整体的
0.0	0.000	0.00%
0.5	0.707	22.12%
1.0	1.000	39.35%
1.5	1.225	52.76%
2.0	1.414	63.21%
2.5	1.581	71.35%
3.0	1.732	77.69%
3.5	1.871	82.62%
4.0	2.000	86.47%
4.5	2.121	89.46%
5.0	2.236	91.79%
5.5	2.345	93.61%
6.0	2.449	95.02%

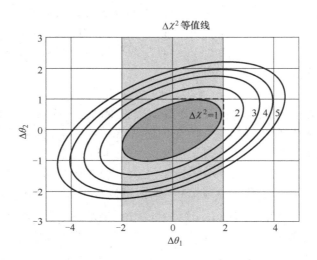

图 7.5 两个参数情形下的 $\Delta\chi^2$ 等值线图。等值线 $\Delta\chi^2 = 1$ 向坐标轴投影在标准偏差值（$\sigma_1 = 2, \sigma_2 = 1$）处

生成给定水平下二维函数的等值线参见 Python 代码 7.3。

如果参数的个数多于两个，$\Delta\chi^2(\Delta\theta_1, \Delta\theta_2)$ 关于其他参数最小化以后，仍然可以任意选取一对参数 $\Delta\theta_1$，$\Delta\theta_2$ 画出具有同样性质的二维等值线。这里的二维等值线为所有参数空间中 m 维椭球 $\Delta\chi^2$ 的投影。

例子

以脲酶动力学为例（见表 6.2 中的数据），已经进行了最小二乘拟合。本例中，函数 $S(v_{\max}, K_m)$ 已知，是未加权偏差平方和。当参数值为 $[15.75, 114.64]$ 时，函数取得最小值 $S_0 = 0.171$。根据前面的内容（见例子 1），由卡方分析可得，S_0 与测量值的已知不准确性是一致的。对于 χ^2 与参数的函数关系，通过缩放 S 使得最小值缩放到期望值 $n-m = 4$ 即得

$$\chi^2(v_{\max}, K_m) = \frac{n-m}{S_0} S = \frac{4}{0.171} S(v_{\max}, K_m) \tag{7.58}$$

图 7.6 给出了二维参数空间中的等值线 $\Delta\chi^2 = 1$。可以从椭圆在坐

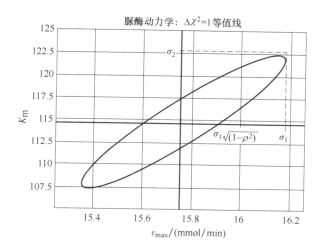

图 7.6　脲酶动力学例子中的 $\Delta \chi^2 = 1$ 等值线图。等值线 $\Delta \chi^2 = 1$
向坐标轴投影在标准偏差值（$\sigma_1 = 0.41$，$\sigma_2 = 7.6$）处
该等值线与每条坐标轴相交于对应标准偏差的 $\sqrt{1-\rho^2}$ 部分

标轴上的投影读出参数的标准不确定度，并且由等值线与过最小值坐标轴的交点得到相关系数 ρ，这些值也可以从生成等值线图的等值线点阵列中获取。结果是

$$\sigma_1 = 0.41, \quad \sigma_2 = 7.63, \quad \rho = 0.93$$

正如上面所见，两个参数是强相关的。从图 7.6 中也很容易看出，两个参数的同步偏差也在同一方向（同时为正或者同时为负）上要比在反方向上可能性更大。如果需要预测在给定浓度下反应率的不准确性，相关系数非常重要。

χ^2 等值线的生成以及从等值线数据得到不确定度和相关性参见 Python 代码 7.4。

如果用到了数据误差（本例中为 $\sigma_y = 0.2$），就会有 $\chi_0^2 = 0.171/0.2^2 = 4.3$，而不是期望 4.0。这会使标准偏差增加 4%。

表 7.3 脲酶动力学的例子中，不同方法下 v_{max} 与 K_m 的标准偏差及相关系数

方法	σ_1	σ_2	ρ
from leastsq routine	0.41	7.6	0.92
from $\Delta\chi^2 = 1$	0.41	7.6	0.92
from $C = B^{-1}$；$\delta = [\,0.2, 3.5\,]$	0.42	7.8	0.92
as above with $\delta = [\,0.0004, 0.007\,]$	0.36	7.0	0.93

如果不通过 $\Delta\chi^2 = 1$ 等值线得出标准偏差以及相关性，则需要借助协方差矩阵 C。多于两个参数的情况下，如果二维图（即平面图）不太适用，借助协方差矩阵 C 是一般做法。由最小二乘法的程序就可以得到这个矩阵，矩阵的元素是在最小化过程中建立的。得到协方差矩阵的另一种方法就是构造矩阵 $B = C^{-1}$ 并求逆，参见式（7.48）。通过计算 $\Delta\chi^2$ 在最小值附近的网格点处的值就可以得到 B 的元素（例如，在每个参数 i 的位移 δ_i 处以及参数对的位移 δ_i，δ_j 处）。如果用后者求值并且取检验位移约等于标准偏差，就会发现结果与最小二乘法得到的协方差相似（但不相等）（见表 7.3），也接近于由 $\Delta\chi^2 = 1$ 等值线得出的结果。但如果检验位移非常小，协方差矩阵就会不同（本例中，值会减小 $10\% \sim 20\%$）。原因就是拟合函数的非线性特征使得 $\Delta\chi^2$ 不是参数的纯二次函数。似然概率 $\exp\left(-\dfrac{1}{2}\Delta\chi^2\right)$ 不是纯二元正态分布。最好使用 $\Delta\chi^2$ 在 1 附近导出的协方差，但是要注意非正态特征对似然概率分布尾部的影响。不要相信基于正态分布的置信区间，并且取标准偏差也要有所保留。

脲酶动力学的例子中，由最小二乘法生成协方差矩阵参见 Python 代码 7.5。

脲酶动力学的例子中，通过构建矩阵 B 生成协方差矩阵参见 Python 代码 7.6。

报告预定义函数与给定数据的一般最小二乘拟合的结果的程序参见 Python 代码 7.7。

7.6 拟合显著性的 F 检验

将理论关系与数据点拟合后，首先要问的就是这个拟合是否具有显著性。同与 y_i 平均值的平方偏差和相比较，这个拟合是否显著减少了平方偏差和？如果没有减少，就说明这个函数没有给出数据的更多信息。但是，什么是"显著性"？

数据 y_i 与它们平均值 $\langle y \rangle$ 的总平方偏差和为（简单起见，令所有的权重都等于 1）

$$\text{SST} = \sum_{i=1}^{n} (y_i - \langle y \rangle)^2 \tag{7.59}$$

如果没有模型，这就是相关平方偏差和。由于使用了一个数据来确定参数（平均值），所以 SST 的自由度为 $n-1$。如果有模型，则模型所得的预测值 f_i 与 y_i 足够接近。残差平方偏差和（现在称为误差平方和 SSE）为

$$\text{SSE} = \sum_{i=1}^{n} (y_i - f_i)^2 \tag{7.60}$$

如果用来确定 f_i 的函数关系包括 m 个参数，则自由度为 $n-m$。这个平方和是通过模型得到的最小值，由随机误差引起。差 SST$-$SSE 是总平方偏差和，它由模型引起，称为回归平方和 SSR。它的大小为

$$\text{SSR} = \text{SST} - \text{SSE} = \sum_{i=1}^{n} (f_i - \langle f \rangle)^2 \tag{7.61}$$

SSR 的自由度为 $m-1$，这是因为 f_i 是由 m 个参数变量来确定的，但是其中一个用于平均值。可以看到，所有的自由度都已经给出说明。

这个等式是否成立并不显而易见。如果 f_i 已经确定并且使得残差 $\varepsilon_i = y_i - f_i$ 为一组来自 0 均值概率分布的独立样本，这时等式是成立的。由均值为 0 可得 $\langle y \rangle = \langle f \rangle$，而独立表示 ε_i 与 f_i 不相关：$\sum_i \varepsilon_i(f_i - \langle f \rangle) = 0$。由此可知

$$SST = \sum (y_i - \langle y \rangle)^2 = \sum_i (y_i - f_i + f_i - \langle f \rangle)^2$$

$$= SSE + SSR + 2\sum_i (y_i - f_i)(f_i - \langle f \rangle) \qquad (7.62)$$

$$= SSE + SSR \qquad (7.63)$$

式（7.62）中的最后一项可能不为零，因此，实际上这种关系不一定能精确成立。

将总平方偏差和分成两部分，模型引起的部分 SSR 以及随机误差部分 SSE，很明显 SSR 越大（相对于 SSE），模型越显著。F 检验就是相应的一种统计检验（参见第 4 章以及第 4 部分的 F 分布）。F 比（也就是估计方差的比）为

$$F_{m-1, n-m} = \frac{SSR/(m-1)}{SSE/(n-m)} \qquad (7.64)$$

累积 F 分布是概率，其中两组偏差来自方差相等的分布。它检验的是零假设"模型没有对数据做出更多解释"，或者等价地说"模型不显著"。如果 F 比超过临界值 F_c 时，则拒绝零假设并且可接受模型是显著的，其中 $F(F_c) > 1 - \alpha$，α 为显著性水平。例如，有 10 个数据点以及 3 个可调参数，可知 $\nu_{SSR} = 2$，$\nu_{SSE} = 7$，令显著性水平为 1%，则临界 F 比等于 9.55（参见第 4 部分的 F 分布）。如果 F 比的值大于 9.55，可以认为模型是显著的。

例子

回到脲酶动力学这个例子（见表 6.2 的数据）。两个参数 $v_{max} = 15.8 \pm 0.4$ 以及 $K_m = 115 \pm 8$ 具有高度显著性（见前面的例子），这就表明拟合非常相关。的确，几乎所有测量值偏差都是由模型引起的，我们通过对平方偏差和的计算就可以看出：SST = 57.02，SSR = 56.24，SSE = 0.17。请注意，SST 是非线性最小二乘拟合的预期结果，SSR 与 SSE 的和不完全等于 SST。F 比等于 [SSR/1]/[SSE/4] = 1315，F 分布的累积概率为 0.9999966。你可以（非常）确信模型是相关的！习题 7.7 是一个结果不确定性更大的例子。

这些结果的计算参见 Python 代码 7.8。

小 结

现在，你可以对给定数据集进行函数参数的最小二乘拟合。如果函数关于参数是线性的，只要参数相互不依赖，最小二乘法就是稳健的。如果是非线性函数，一般可以通过迭代适当的计算程序找到最小值。拟合的检验有两种方法：第一种，用指定的函数拟合是否显著优于用平均值拟合：运用 F 检验评价。第二种，拟合的残差是否为来自方差与不确定度先验信息一致分布的随机样本：运用卡方检验评价。如果可以，接下来可以通过平方偏差和 S 的观察值来计算参数的协方差矩阵。根据 S 对参数的依赖性求这个协方差矩阵。

习 题

7.1 对表 6.2 的脲酶动力学数据进行线性回归。根据 Lineweaver-Burk 曲线图进行回归，即 $x = 1/[S]$，$y = 1/v$。运用 y 的标准不准确性，给出 v_{max} 和 K_m 的值及其标准不准确性（注意，a 与 b 组合的 s. d. 中需要 a 和 b 之间的相关系数）。所得值与图 6.2 中的图形估计值和前面例子中的非线性最小二乘解进行比较，并画出数据点以及最优拟合直线。

7.2 通过测量不同温度下的平衡常数确定反应中的 ΔG。得到以下数据：

T/K	$\Delta G/kJ \cdot mol^{-1}$
270	40. 3
280	38. 2
290	36. 1
300	32. 2
310	29. 1
320	28. 0
330	25. 3

忽略 T 的不确定度并且任意情形下的权重因子都相等。通过将 T

的线性函数与 ΔG 的值拟合，确定反应熵 $\Delta S = -\mathrm{d}\Delta G/\mathrm{d}T$。$\Delta S$ 的标准不准确性是多少？外推 $T = 350\mathrm{K}$ 处的 ΔG，并根据由最小二乘拟合得到的参数方差和协方差给出标准不准确性，如根据最小二乘拟合。现在取 $T-300$ 的值为 x，而不是 T 本身，再次计算这些量。讨论两种计算之间的差异（如果有的话）。

7.3　如果数据点 t_i 均为来自方差相等概率分布的样本，请解释为什么赋予数据点 $y_i = \log t_i$ 的权重应当与 t_i^2 成比例？不妨先假设 t 的常数方差为 σ_t^2 并推导出 y 的方差，然后将权重与方差关联起来。

7.4　将含有四个参数的双指数函数 $ae^{-px}+be^{-qx}$ 与表 6.1 的数据 x，y 进行最小二乘拟合。利用 Python 程序 fit（见代码 7.7）。用 6.2 节中以图形方式确定的值作为初始参数猜测。如果最大试验次数后最小化还没有达到结果，将参数最后的值作为初始值并再次最小化。

7.5　你希望在光学工作台上用刻度为 0 到 1000mm 的尺子测量正透镜的焦距。透镜放在接近 190mm 的地方，但它是一个包裹着的厚镜头，不能确定其确切位置。物体（一盏灯）放在位置 x 处，观察到图像在位置 y 处很清晰。估计 y 的 s.d. σ_y。所有数据都是以 mm 为单位的。

x	y	σ_y
60	285	1
80	301	2
100	334	3
110	383	4
120	490	5
125	680	10

建立参数方程 $y \approx f(x, p)$，假设薄透镜公式成立：$1/f = 1/s_1 + 1/s_2$，其中 s_1 和 s_2 分别是透镜到物体和图像的距离。运用 Python 求最小二乘解，并求出 F 的最优值及其标准不准确性。讨论函数拟合的有效性。

7.6　令 $w_i = c/\sigma_i^2$ 并消去 c 证明式（7.42）。

7.7　最小二乘拟合相关性的 F 检验可以用来检验时间序列中是否存在偏移，例如模拟生成一个具有时间依赖性的变量，假设模拟产生平稳的波动量。生成 100 个服从正态分布 $N(0, 1)$ 的随机数，用最小二乘拟合 $f_i = ai + b$，得到最优估计 $\hat{a}$ 和 $\hat{b}$，并计算 a 的标准不准确性。有两种方法来检验发现的这个偏移是否显著。第一种方法，估计 a 与 0 不同的概率，即 $|a| \leqslant |\hat{a}|$ 的双边概率。尽管学生 t 分布很适合，但因为自由度非常大的 t 分布近乎等价于正态分布，故也可以使用正态分布。第二种方法是运用 F 检验。计算 SSR 以及 SSE，并且用 F 检验评价线性回归模型的显著性。对几个新的随机样本序列运用这两种方法，并比较它们的结果。为了得到显著的结果，可以在数据中加入偏移项。

注意：通过调用 report 来实现，参见 Python 代码 6.2。

第8章

回归贝叶斯分析

本章需要读者能够坐下来好好思考。想想自己正在做什么，为什么这么做，得出的结论到底意味着什么。你有一个理论（包含许多未知或者不完全知道的参数），还有一组实验数据，你希望运用这些数据来修正理论并确定或完善理论中的参数。您的数据包含不准确性，从数据中推断出的所有结论也包含不准确性。根据理论，数据的概率分布通常已知或可从事件计数中导出，但逆概率是指根据实验结果推断出待估参数的概率分布，它是另一种更主观的概率。拒绝任何主观测量的科学家必须将自己局限于假设检验。如果想要更多，就必须要了解贝叶斯。

8.1 直接概率和逆概率

考虑一个灵敏数字电压表的读数，在给定时间内（比如说 1ms）检测恒定小电压（比如说微伏数量级范围内），多次重复实验。电压表本身由于输入电路产生热波动增加了随机噪声，所以观察值 y_i 是来自概率分布 $f(y_i-\theta)$ 的样本，其中 θ 是实际源电压。通过收集多个样本就可以确定 f。某些情形下，如果已知增加噪声的物理过程，甚至可以推测出分布函数。例如，如果观察给定时间段 Δt 内光脉冲的数量（已知它们以给定的平均率 θ 随机发生），则在给定时间段内观察到的数量 k 服从泊松分布 $f(k, \theta\Delta t)$。这种（条件）概率 $f(y|\theta)$ 称为直接概率。直接概率是由直接事件计数或者考虑随机过程中的对称性所得。本章符号用 f 代表直接概率，直接概率也称为物理概率。

下面考虑物理常数的值，如阿伏伽德罗常数 N_A。它表示 1g 纯 ^{12}C

中的原子数。根据 CODATA，N_A 的值为（6.02214179±0.00000030）× 10^{23}，给定的这个数并不精确。能给出 N_A 的概率分布 $p(N_A)$ 是最好的，例如均值为 6.02214179×10^{23}，标准偏差为 3.0×10^{16} 的正态分布。但是，这种概率意味着什么呢？这不是对大量相似实验结果计数得到的频率分布，如果有这样大量独立的值，CODATA 委员会就把它们进行平均并给出另一个均值和 s. d. 。类似地，气象学家预测"明天有 30% 的降水概率"或者外科医生预测"病人手术有 95% 的存活机率"说的都是关于不能重复且独一无二的事件；这样的概率更多是对从前经验的估计，而不是对重复试验计数的结论。哲学家们把这样的概率称为认知。⊖另一个名字是主观或者逆概率。

从 18 世纪晚期，拉普拉斯和他的追随者就已经清楚地区分了直接概率和逆概率。⊖

但是，逆概率的主观本质使得许多科学家回避这种概念。批判学派的代表人物是杰出的统计学家费希尔，他在 20 世纪前半叶设计了一系列统计工具，这些都是基于直接概率的频率定义。费希尔绕过了逆概率，引入似然概率作为替代品。

批判物理学中不完全客观的概念有一个很好的理由：主观偏差、武断性以及偏见很容易对结果的理解产生潜移默化的影响。所以，如果用逆概率表示，那么这种概率必须是无偏的，并且不包括来自未经验证的"信息"。虽然有这样的限制，但逆概率仍广泛应用在实验数据推断模型参数中。

自 20 世纪中叶以来，逆概率已经占据了批判学派的上风，并在最近迎来了真正的复兴。这就是贝叶斯方法。

8.2　走进贝叶斯

在贝叶斯去世后发表的两篇论文（1763，1764，由 R. Price 出

⊖　认知这个词来自希腊语的 epistèmè：知识，最早由 Skyrms（1966）在概率的内容中使用。

⊖　参见 Hald（2007）统计推断的历史回顾。

版）中，是以组合问题的背景提出了构造逆概率（现在称为"贝叶斯方法"）的原理。十年之后，这个概念由拉普拉斯提出。一旦开始接受逆概率，就会知道这其实很简单。[⊖]

考虑两个事件 T 和 E（T 代表"理论"：理论中的一个参数或参数集，E 代表"实验"：一个或者多个观测量）。联合事件概率 $p(T, E)$ 可以表示为一个事件的边缘概率乘以另一个事件的条件概率：

$$p(T,E)=p(T)p(E\,|\,T)=p(E)p(T\,|\,E) \tag{8.1}$$

这说明 T 的后验概率 $p(T\,|\,E)$（即已知实验后的概率）与 T 的先验概率 $p(T)$（即已知实验前的概率）以及实验结果概率成比例，其表达式为

$$p(T,E)\propto p(T)p(E\,|\,T) \tag{8.2}$$

比例常数是一个规范化因子。很简单，该因子为右边项关于所有可能 T 的和或积分的倒数。

专业术语中（用符号 f 表示直接概率，p 表示逆概率）：有一个含一组参数 $\boldsymbol{\theta}$ 的理论，一组数据 $\boldsymbol{y}$。则参数的后验概率为

$$p(\boldsymbol{\theta}\,|\,\boldsymbol{y})=cf(\boldsymbol{y}\,|\,\boldsymbol{\theta})p_0(\boldsymbol{\theta}) \tag{8.3}$$

其中 $p_0(\boldsymbol{\theta})$ 是参数的先验概率密度函数，表示在知道实验结果之前关于 $\boldsymbol{\theta}$ 的信息。常数 c 可由下式确定：

$$c^{-1}=\int f(\boldsymbol{y}\,|\,\boldsymbol{\theta})p_0(\boldsymbol{\theta})\,\mathrm{d}\boldsymbol{\theta} \tag{8.4}$$

这里假设参数可以连续取值（p 为概率密度），其中积分是在 $\boldsymbol{\theta}$ 可能值的整个区域上进行。离散的情形也同样成立，只要将积分变成求和，并且 p 为概率质量函数即可。同理，直接概率 $f(\boldsymbol{y}\,|\,\boldsymbol{\theta})$ 也可以是连续的或者离散的。

8.3 先验的选择

先验分布 p_0 一定是无偏的。它只依赖于以前的实验并且由

⊖ 关于统计问题的贝叶斯处理，参见 Box 和 Tiao（1973）及 Lee（1989）。Cox（2006）比较了统计推断的频率法和贝叶斯方法。

式（8.3）这样的方程导出。如果没有这样的实验信息，先验很可能是非信息的：先验中任何不是建立在实验数据上的信息都会引起各种偏差。

最没有信息量的先验就是常数：所有值都是等可能的。用一个常数作为概率密度函数（pdf）似乎很奇怪：一个合理的 pdf 应该具有规范性，即全域积分应该等于 1。不具有规范性的概率密度称为反常的。但是，令超出可能值范围的两端取值为 0，常数 pdf 就合理了。因为直接概率 $f(y|\theta)$ 是一个具有有限积分的峰值函数，即使 $p_0 \equiv 1$ 时，式（8.4）中的积分也存在。所以反常先验的存在也是合理的。

合理的先验要满足一个客观要求：它应该随着参数的变换而适当地缩放。考虑位置参数 μ，它是取值范围在（$-\infty$，$+\infty$）上的一个加法因子。该参数可以用线性变换 $\mu' = a\mu + b$ 替代；μ 服从均匀分布，如果变换为 μ' 后也应该服从均匀分布。这是因为 $p(\mu)\,d\mu = p'(\mu')\,d\mu'$，其中 $d\mu' = a\,d\mu$，则 $p' = p/a$，如果 p 是一个常数，这就是均匀分布。下面考虑尺度参数 σ，它是取值范围在（0，$+\infty$）上的一个乘法因子。该参数也可以用 $c\sigma$，σ^2，σ^{-1}，或者变换 $\sigma' = b\sigma^a$ 来替代。显然，变量 $\log\sigma$ 的变换是线性的：$\log\sigma' = a\log\sigma + b$；因此，$\log\sigma$ 应该服从均匀分布。这就是说由于 $d\log\sigma = d\sigma/\sigma$，不确定的（或者无知的）先验应该与 $1/\sigma$ 成比例。总结（这个规则要归功于 Jeffreys，1939）：

如果 θ 是位置参数，则非信息（无知的、不确定的、无偏的）的反常先验 $p_0(\theta)$ 等于 1；如果 θ 是尺度参数，则 $p_0(\theta)$ 等于 $1/\theta$。

8.4 贝叶斯推断的三个例子

更新知识：阿伏伽德罗常数

CODATA 认为阿伏伽德罗常数的逆概率密度为

$$p_0(N_A) \propto \exp\left[-\frac{(N_A - \mu_0)^2}{2\sigma_0^2}\right] \tag{8.5}$$

其中，$\mu_0 = 6.02214179 \times 10^{23}$，$\sigma_0 = 3.0 \times 10^{16}$。

一位科学家提出了一种新的可靠测量方法来测量 N_A。她测得的

值为 $y = 6.02214148 \times 10^{23}$，并声称她的实验误差分析表明，她的结果 y 是来自正态分布 $N(y-N_{\mathrm{A}}, \sigma_1)$ 的样本，其中 $\sigma_1 = 7.5 \times 10^{16}$。将这个数据代入式（8.3），就会发现

$$p(N_{\mathrm{A}} \mid y) \propto \exp\left[-\frac{(y-N_{\mathrm{A}})^2}{2\sigma_1^2}\right] \exp\left[-\frac{(N_{\mathrm{A}}-\mu_0)^2}{2\sigma_0^2}\right] \qquad (8.6)$$

计算指数部分$\left(\text{暂时省略不考虑因子} -\dfrac{1}{2}\right)$：

$$\frac{(y-N_{\mathrm{A}})^2}{\sigma_1^2} + \frac{(N_{\mathrm{A}}-\mu_0)^2}{\sigma_0^2} \qquad (8.7)$$

$$= (\sigma_0^{-2} + \sigma_1^{-2})\left[N_{\mathrm{A}}^2 - 2N_{\mathrm{A}}\frac{\mu_0\sigma_0^{-2} + y\sigma_1^{-2}}{\sigma_0^{-2} + \sigma_1^{-2}} + \cdots\right] \qquad (8.8)$$

$$= \frac{(N_{\mathrm{A}}-\mu)^2}{\sigma^2} + \cdots \qquad (8.9)$$

其中

$$\mu = \frac{\mu_0\sigma_0^{-2} + y\sigma_1^{-2}}{\sigma_0^{-2} + \sigma_1^{-2}} \qquad (8.10)$$

$$\sigma^{-2} = \sigma_0^{-2} + \sigma_1^{-2} \qquad (8.11)$$

因此，N_{A} 的后验逆概率密度是正态分布，分布的均值和方差为加权平均值（参见习题 5.7）：

$$p(N_{\mathrm{A}} \mid y) \propto \exp\left[-\frac{(N_{\mathrm{A}}-\mu)^2}{2\sigma^2}\right] \qquad (8.12)$$

结果就是先验 pdf［式（8.5）］中的参数 μ_0，σ_0 更新为后验 pdf 式（8.12）中的参数 μ，σ。

由一系列正态分布样本进行的推断

假设实验数据为来自正态分布的 n 个独立样本，其中分布的 μ，σ 未知。因为没有均值和 s.d. 的先验知识，所以取非信息先验

$$p_0(\mu, \sigma) = 1/\sigma \qquad (8.13)$$

其中，μ 是位置参数，σ 是尺度参数。由于这些数据是独立的，所以观察到 n 个值 y_i，$i = 1, 2, \cdots, n$ 的概率密度为所有测量值概率的乘积：

$$f(\boldsymbol{y} \mid \mu, \sigma) = \prod_{i=1}^{n} \frac{1}{\sigma\sqrt{2\pi}} \exp\left[-\frac{(y_i - \mu)^2}{2\sigma^2}\right] \tag{8.14}$$

$$\alpha\sigma^{-n}\exp\left[-\frac{1}{2\sigma^2}\sum_{i=1}^{n}(y_i - \mu)^2\right] \tag{8.15}$$

也可以写成

$$\sigma^{-n}\exp\left[-\frac{(\langle y \rangle - \mu)^2 + \langle(\Delta y)^2\rangle}{2\sigma^2/n}\right] \tag{8.16}$$

其中

$$\langle y \rangle = \frac{1}{n}\sum_{i=1}^{n} y_i \tag{8.17}$$

$$\langle(\Delta y)^2\rangle = \frac{1}{n}\sum_{i=1}^{n}(y_i - \langle y \rangle)^2 \tag{8.18}$$

后验概率密度就可以写成

$$p(\mu, \sigma \mid \boldsymbol{y}) \propto \sigma^{-(n+1)}\exp\left[-\frac{(\mu - \langle y \rangle)^2 + \langle(\Delta y)^2\rangle}{2\sigma^2/n}\right] \tag{8.19}$$

右边项关于 μ，σ 积分就可以得到比例常数。本例中的积分有解析表达式，但是用数值积分的方法确定常数更简单。

　　有趣的是，由数据集的平均值和与平均值的均方偏差这两个性质就可以得到参数的概率密度［式（8.19）］。显然，这两个性质足以反映出数据集的所有统计信息（充分统计量）。但是，这只对来自正态分布的样本成立。

　　式（8.19）的 pdf 是二元的。在图 8.1 中，以 $\langle y \rangle = 0$ 以及 $\langle(\Delta y)^2\rangle = 1$ 的 10 个样本为例，绘制了各种分数高度的若干等值线。每条等值线的值表示定义的联合概率。

　　实际应用中遇到更多的是一维分布函数。首先考虑 μ 的 pdf（见图 8.2）。

　　如果 σ 已知，由式（8.19）可得 μ 的后验概率是均值为 $\langle y \rangle$ 且方差为 σ^2/n 的正态分布：

$$p(\mu \mid \boldsymbol{y}, \sigma) \propto \exp\left[-\frac{(\mu - \langle y \rangle)^2}{2\sigma^2/n}\right] \tag{8.20}$$

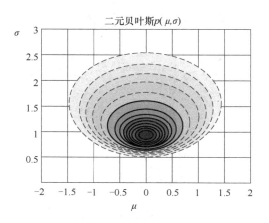

图 8.1 基于 10 个平均值等于 0 且 rmsd 等于 1 的独立正态分布实验样本值，
均值为 μ 和标准差为 σ 的贝叶斯逆二元 pdf 的等值线图。
等值线从内到外以 0.9，0.8，…，0.1 的分数高度绘制；
在 0.05，0.02，0.01，0.005，0.002 处为虚线

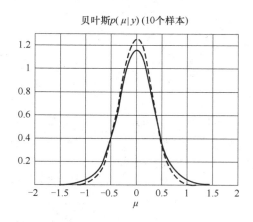

图 8.2 基于 10 个平均值等于 0 且 rmsd 等于 1 的独立正态分布实验样本值，
参数 μ 的贝叶斯后验 pdf。实线表示 σ 未知情况下的边缘
概率 $p(\mu|\mathbf{y})$，虚线表示 $\sigma=1$ 情况下的 $p(\mu|\mathbf{y},\sigma)$

如果 σ 未知，要想得到 μ 的边缘概率密度，概率密度必须在 σ 所有可能取值上积分。

$$p(\mu \mid y) = \int_0^\infty p(\mu, \sigma \mid y)\,\mathrm{d}\sigma \qquad (8.21)$$

该积分与下面这个式子成比例：

$$\int_0^\infty \sigma^{-(n+1)} \exp\left(-\frac{q}{\sigma^2}\right) \mathrm{d}\sigma \qquad (8.22)$$

其中

$$q = \frac{1}{2} n \left[(\mu - \langle y \rangle)^2 + \langle (\Delta y)^2 \rangle \right] \qquad (8.23)$$

令 q/σ^2 为一个新变量，就可以得到一个 Gamma 函数。积分与下面的式子成比例：

$$p(\mu \mid y) \propto \left(1 + \frac{(\mu - \langle y \rangle)^2}{\langle (\Delta y)^2 \rangle} \right)^{-n/2} \qquad (8.24)$$

这恰好就是一个学生 t 分布密度函数 $f(t \mid \nu)$，自由度为 $\nu = n - 1$，是变量 t 的函数：

$$f(t \mid \nu) \propto \left(1 + \frac{t^2}{\nu} \right)^{-(\nu+1)/2} \qquad (8.25)$$

$$t = \sqrt{\frac{(n-1)(\mu - \langle y \rangle)^2}{\langle (\Delta y)^2 \rangle}} = \frac{\mu - \langle y \rangle}{\hat{\sigma}/\sqrt{n}} \qquad (8.26)$$

其中，$\hat{\sigma}^2 = [n/(n-1)] \langle (\Delta y)^2 \rangle$。关于 t 分布的更多详细内容参见第 4 部分的学生 t 分布。

接下来考虑 σ 的 pdf。如果 μ 已知，则 σ 的 pdf 为式（8.19）。图 8.3 给出了上述例子的 $p(\sigma \mid y, \mu = 0)$。更多的情况下 μ 事先是未知的（见图 8.4），则贝叶斯后验概率为边缘概率

$$p(\sigma \mid y) = \int_{-\infty}^{+\infty} p(\mu, \sigma \mid y)\,\mathrm{d}\mu \qquad (8.27)$$

$$\propto \sigma^{-n} \exp\left[-\frac{\langle (\Delta x)^2 \rangle}{2\sigma^2/n} \right] \qquad (8.28)$$

从图 8.3 可以看出，如果 μ 没有先验时，σ 的预测值会稍有偏大并且精确性会稍微降低。

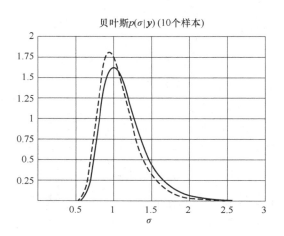

图 8.3 基于 10 个平均值为 0 且 rmsd = 1 的独立正态分布实验样本，参数 σ 的贝叶斯后验 pdf。实线表示 μ 未知情况下的边缘概率密度 $p(\sigma|y)$；虚线表示 $\mu = 0$ 情况下的概率密度 $p(\sigma|y, \mu)$

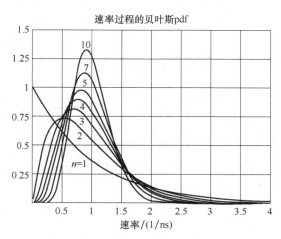

图 8.4 基于 n 个独立事件之间时间段，速率参数 k 的贝叶斯后验 pdf。本例中，观察时间的平均值等于 1ns。图中分别是 $n = 1$，2，3，4，5，7，10 时的 pdf

由若干事件推断速率常数

考虑速率过程中对单个事件的观察。这可能是一个从 $t=0$ 时刻激发的源处发出的脉冲；也可能是一个对 $t=0$ 时刻改变了环境而变得不稳定的模拟蛋白质的形态变化观察，还可能是流星两次观测之间的时间，或者任何只能观察到几次的其他罕见事件。理论认为，这些事件来自一个具有常数概率 $k\Delta t$ 的简单速率过程，其中 Δt 为一个事件发生的时间间隔。你在时间或者时间间隔 t_i，$i=1$，2，$\cdots$，n 观察了 n 个独立事件。下面来讨论一下速率常数 k。

贝叶斯方法中，想要在第一次事件之后确定后验逆概率

$$p_1(k \mid t_1) \propto f(t_1 \mid k)p_0(k) \tag{8.29}$$

其中 $f(t \mid k)$ 为事件发生在时间 t 后的直接概率，其中 k 为给定速率常数，这很容易推导。将时间 t 划分成小的时间段 Δt，$t/\Delta t=m$。脉冲发生在第 m 个小区间（不是之前）的概率为 $(1-k\Delta t)^{m-1}k\Delta t$。取极限 $\Delta t \to 0$，$m \to \infty$，可得

$$f(t \mid k) = ke^{-kt} \tag{8.30}$$

因为 k 是尺度参数，先验逆概率 $p_0(k)$ 一定为 $1/k$，所以

$$p_1(k \mid t_1) \propto e^{-kt_1} \tag{8.31}$$

在时间 t_2 内第二次观察事件，概率更新为

$$p_2(k \mid t_1, t_2) \propto ke^{-kt_2}e^{-kt_1} \tag{8.32}$$

并且 n 个事件之后，可得

$$p_n(k \mid t_1, \cdots, t_n) \propto k^{(n-1)} \exp[-k(t_1 + \cdots + t_n)] \tag{8.33}$$

一般情况下，如果观察时间段的平均值为 $\langle t \rangle$，通过对这个函数积分可以得到概率常数。我们可以发现

$$p_n(k \mid t_1, \cdots, t_n) = \frac{(n\langle t \rangle)^n}{(n-1)!} k^{n-1} \exp(-kn\langle t \rangle) \tag{8.34}$$

所以，可以看出观察时间段的平均值是充分统计量：它可以确定 k 的所有信息。k 这个分布的期望和方差分别为

$$\hat{k} = E(k) = \frac{1}{\langle t \rangle} \tag{8.35}$$

$$\hat{\sigma}^2 = E\left[(k - \langle k \rangle)^2\right] = \frac{1}{n\langle t \rangle^2} \tag{8.36}$$

根据第二个等式可知 $\hat{\sigma} = \hat{k}/\sqrt{n}$。同之前一样，相对标准不准确性随着观察次数均方根的增加而递减。

本书前面的内容已经涉及这种情况，其中 $n = 7$，如图 2.5 所示。该例中给出了 3 个不同的点估计：均值（1.00）、中位数（0.95）和众数（0.86）。所有值都在与均值的 s.d.（0.38）范围内，所以讨论究竟哪个更好毫无意义。

8.5　结论

以上的例子中你了解的都是用概率密度函数来表达。这种方式有一个缺点：它们看起来要比实际上准确得多。请注意，这种概率分布只是表达了由理论以及试验所得参数的未知程度。最优值不一定是精确的均值或者众数，它可以是分布宽度内的任何位置。注意报告中要给出正确的数字位数！

如果完全不用逆概率，又会怎样呢？第一，你可以将参数的似然概率定义为测量值的直接概率来欺骗自己：

$$l(\theta \mid y) = f(y \mid \theta) \tag{8.37}$$

如果假设先验是均匀分布，这就相当于后验贝叶斯概率，与尺度参数矛盾。重命名一个量并不能解决问题，反而像鸵鸟一样只是掩盖了问题。

第二，将自己局限于假设检验，而不是对值进行预测。如果你希望评价某个因素的影响——是否影响抽样结果，则该方法非常有用。零假设通常假设该因素无影响并且试图证明你得到的结果在零假设下是不可能发生的。如果的确是这样的，就接受备择假设为真（"该因素确实有影响"）。这个过程避免了任何逆概率，但是也没给出更多的结论：你同时还想知道因素的影响有多大。许多想要从实验中找到答案的问题依然解决不了。

小　结

本章从统计学的贝叶斯观点出发，采用了"逆概率"这个概念。

规则很简单，可以用理论中参数的概率函数表达已知的所有信息，包括最新的实验结果。由三个例子可以看出，通过概率分布既可以用新的实验数据更新现有信息，或者（没有先验知识的情况下）用概率分布表示从有限实验数据获得的信息。本章的引言中曾邀请你坐下来思考。现在，请思考并得出你的结论。

参 考 文 献

Abramowitz, M. and Stegun, I. A. (1964). *Handbook of Mathematical Functions*. New York, Dover Publications.

Barlow, R. (1989). *Statistics – A Guide to the Use of Statistical Methods in the Physical Sciences*. New York, Wiley.

Bayes, T. (1763). *Phil. Trans. Roy. Soc.* 53, 370–418. Reprinted in *Biometrika* 45, 293–315 (1958).

Bayes, T. (1764). *Phil. Trans. Roy. Soc.* 54, 296–325.

Berendsen, H. J. C. (1997). *Goed Meten met Fouten*. University of Groningen.

Berendsen, H. J. C. (2007). *Simulating the Physical World*. Cambridge, Cambridge University Press.

Bevington, P. R. and Robinson, D. K. (2003). *Data Reduction and Error Analysis for the Physical Sciences*, 3rd edn. (first edn. 1969). New York, McGraw-Hill.

Beyer, W. H. (1991). *CRC Standard Probability and Statistics Tables and Formulae*. Boca Raton, Fla., CRC Press.

Birkes, D. and Dodge, Y. (1993). *Alternative Methods of Regression*. New York, Wiley.

Box, G. E. P. and Tiao, G. C. (1973). *Bayesian Inference in Statistical Analysis*. Reading, Mass., Addison-Wesley.

Cox, D. R. (2006). *Principles of Statistical Inference*. Cambridge, Cambridge University Press.

Cramér, H. (1946). *Mathematical Methods of Statistics*. Princeton, NJ, Princeton University Press.

CRC Handbook (each year). *Handbook of Chemistry and Physics*. Boca Raton, Fla., CRC Press.

Efron, B. and Tibshirani, R. J. (1993). *An Introduction to the Bootstrap*. London, Chapman & Hall.

Frenkel, D. and Smit, B. (2002). *Understanding Molecular Simulation. From Algorithms to Applications*. 2nd edn., San Diego, Academic Press.

Gardner, M. (1957). *Fads and Fallacies in the Name of Science*. New York, Dover Publications.

Gosset, W. S. (1908). The probable error of a mean. *Biometrica* 6, 1.

Hald, A. (2007). *A History of Parametric Statistical Inference from Bernoulli to Fisher, 1713–1935*. New York, Springer.

Hammersley, J. M. and Handscomb, D. C. (1964). *Monte Carlo Methods*. London, Chapman and Hall.

Hess, B. (2002). Determining the shear viscosity of model liquids from molecular dynamics simulations. *J. Chem. Phys.* 116, 209–217.

Huber, P. J. and Ronchetti, E. M. (2009). *Robust Statistics*. 2nd edn., Hoboken, NJ, Wiley.

Huff, D. (1973). *How to Lie with Statistics*. Harmondsworth, Penguin Books.

Jeffreys, H. (1939). *Theory of Probability*. Oxford, Oxford University Press.

Lee, P. M. (1989). *Bayesian Statistics: An Introduction.* New York, Oxford University Press.

Petruccelli, J. Nandram, B. and Chen, M. (1999). *Applied Statistics for Engineers and Scientists.* Upper Saddle River, NJ, Prentice Hall.

Press, W. H., Teukolsky, A. A., Vetterling, W. T. and Flannery, B. P. (1992). *Numerical Recipes, The Art of Scientific Computing.* 2nd edn., Cambridge, Cambridge University Press.

Price, N. C. and Dwek, R. A. (1979). *Principles and Problems in Physical Chemistry for Biochemists.* 2nd edn., Oxford Press, Clarendon Press.

Skyrms, B. (1966). *Choice and Chance.* Belmont, Cal., Wadsworth Publishing.

Straatsma, T. P., Berendsen, H. J. C. and Stam, A. J. (1986). Estimation of statistical errors in molecular simulation calculations. *Mol. Phys.* 57, 89.

Taylor, J. R. (1997). *An Introduction to Error Analysis. The Study of Uncertainties in Physical Measurements*, 2nd edn. (first edn. 1982). Sausalito, Cal., University Science Books.

Van Kampen, N. G. (1981). *Stochastic Processes in Physics and Chemistry.* Amsterdam, North-Holland.

Walpole, R. E., Myers, R. H., Myers, S. L. and Ye, K. (2007). *Probability and Statistics for Engineers and Scientists.* 8th rev. edn., Upper Saddle River, NJ, Prentice Hall.

Wolter, K. M. (2007). *Introduction to Variance Estimation.* New York, Springer.

2.1 (a) $l=(31.3\pm0.2)\mathrm{m}$ [如果精度为 $(20\pm1)\mathrm{cm}$，则 $l=(31.30\pm0.20)\mathrm{m}$]；

(b) $c=(15.3\pm0.1)\mathrm{mM}$；

(c) $\kappa=252\mathrm{S/m}$；

(d) $k/\mathrm{L\cdot mol^{-1}\cdot s^{-1}}=(35.7\pm0.7)\times10^2$ 或者 $k=(35.7\pm0.7)\times10^2\mathrm{L\cdot mol^{-1}\cdot s^{-1}}$；

(e) $g=2.00\pm0.03$。

2.2 (a) $173\mathrm{Pa}$；

(b) $2.31\times10^5\mathrm{Pa}=2.31\mathrm{bar}$；

(c) $2.3\mathrm{mmol/L}$；

(d) $0.145\mathrm{nm}$ 或者 $145\mathrm{pm}$；

(e) $24.0\mathrm{kJ/mol}$；

(f) $8400\mathrm{kJ}$；

(g) $556\mathrm{N}$；

(h) $2.0\times10^{-4}\mathrm{Gy}$；

(i) $0.080\mathrm{L/km}$ 或者 $8.0\mathrm{L/100km}$；

(j) $6.17\times10^{-30}\mathrm{Cm}$；

(k) $1.602\times10^{-40}\mathrm{Fm^2}$。

3.1 (a) 3.00 ± 0.06（相对不确定度为 2%）；

(b) 6.0 ± 0.3（相对不确定度为 $\sqrt{3^2+4^2}\%$）；

(c) 3.000 ± 0.001。请注意 $\log_{10}(1\pm\delta)=\pm0.434\ln(1+\delta)\approx\pm0.434\delta=0.00087$。有时，计算两个边界更简单：$\log_{10}998=2.99913$，

$\log_{10} 1002 = 3.00087$；

（d）2.71 ± 0.06（相对不确定度为 $\sqrt{1.5^2 + 1^2}\%$）。

3.2　$k = \ln 2 / \tau_{1/2}$。k 与 $\tau_{1/2}$ 的相对不确定度相等。$\ln k$ 的绝对不确定度等于 k 的相对不确定度：$\sigma(\ln k) = \sigma(k)/k$。可得

$\dfrac{1000}{T/\mathrm{K}}$	k/s^{-1}	$\ln(k/\mathrm{s}^{-1})$
1.2771	$(0.347 \pm 0.017) \times 10^{-3}$	-7.97 ± 0.05
1.2300	$(1.155 \pm 0.077) \times 10^{-3}$	-6.76 ± 0.07
1.1862	$(2.89 \pm 0.24) \times 10^{-3}$	-5.85 ± 0.08
1.1455	$(7.70 \pm 0.86) \times 10^{-3}$	-4.87 ± 0.11

对数坐标图的 Python 代码为

```
autoplotp([Tinv,k],yscale='log',ybars=sigk)
```
，其中 Tinv, k, sigk 见表格。

3.3　9.80 ± 0.03（相对不确定度为 $\sqrt{0.2^2 + (2 \times 0.1^2)}\% = 0.28\%$）

3.4　因为 $\Delta G = RT\ln(kh/k_B T)$，其关于 T 的导数等于 $(\Delta G/T) + R$。即 $(30000/300) + 8.3 = 108.3$。也就是说，$T$ 的偏差是 ± 5，则引起 ΔG 的偏差为 $108.3 \times 5 = 540\mathrm{J/mol}$。

3.5　$r = 1$ 的体积等于 $4.19\mathrm{mm}^3$；可得 1000 个样本的均值为 $4.30\mathrm{mm}^3$，标准偏差为 1.27。"单纯"体积的系统误差为 -0.11，比标准偏差小得多。

4.1　$f(0) = 0.59874$；$f(1) = 0.31512$；$f(2) = 0.074635$；$f(3) = 0.010475$；$f(4) = 0.000965$。

4.2　可以求得 $1 - f(0) = 1 - 0.99^{20} = 0.182$。

4.3　样本容量为 n，选举 1 号候选人的概率为 p，则 1 号的平均选举数为 pn，方差为 $p(1-p)n$（二项分布）。要想相对标准偏差为 0.01，则要求 $n \geqslant 10000$。

4.4　这是一个二项分布。

（a）$\hat{p}_1 = k_0 / n$；

（b）$\sigma_0 = \sqrt{(k_0 k_1 / n)}$；

（c）同（b）；

（d）请注意 k_1，k_2 的偏差是完全负相关的。因此，$(k_1 \pm \sigma)/(k_0 \mp \sigma) = r(1 \pm \sigma k_1^{-1})/(1 \mp \sigma k_0^{-1}) = r[1 \pm \sigma(k_1^{-1} + k_0^{-1})]$。$r$ 的标准偏差等于 $[1 + (k_1 / k_0)]/\sqrt{n}$。

4.5 对 $\mu^k / k!$ 从 $k = 0$ 到 $k = \infty$ 求和，得到 e^μ。

4.6 由

```
from scipy import stats
f=stats.poisson.pmf
F=stats.poisson.cdf
```

生成泊松概率 $f(k, \mu)$ 以及累积概率 $F(k, \mu)$。

（a）2.98；

（b）$(k \geq 8)$：$1 - F(7, 3) = 0.012$；

（c）4 张床；转移 0.185 个病人。要实现最优化需要定义函数 $\text{cost}(n)$（$\text{cost}(n)$ 表示 n 张床的成本）并且求使得 $\text{cost}(n)$ 最小的整数 n。例如：

```
def cost(n):
    krange=arange(1,n,1)
    avbeds=(f(krange,3)*krange).sum()+n*
    (1-F((n-1),3))
    return (1-F(n,3))*1500.+(n-avbeds)*300.
```

4.7 这是一个泊松过程：s.d. 等于观察脉冲数的均方根。有光测量为 900 ± 30 个脉冲，暗测量为 100 ± 10 个脉冲。光强度与 $(900 - 100) \pm \sqrt{30^2 + 10^2} = 800 \pm 32$ 成比例。因此，相对 s.d. 为 4%。重复测量 100 次（或者测量时间增加百倍）后，测量数就会 100 倍大，但是（绝对）误差只 10 倍大。相对不确定度却是原来的 1/10（0.4%）。

4.8 $F(0.1) - F(-0.1) = 2 \times (0.5 - 0.4602) = 0.0796$。请注意，近似等于 $f(0) \times 0.2 = 0.0798$。

4.9 $f(6) = 6.076 \times 10^{-9}$；$F(-6) = 1.0126 \times 10^{-9}$（$37/38 + \cdots$）$= 9.8600 \times 10^{-10}$。与精确值相比较 stats.norm.cdf$(-6.) = 9.8659 \times 10^{-10}$。

4.10　（a）均匀分布 $f(x)=1$（$0 \leqslant x < 1$）的均值为 0.5，方差为 $\sigma^2 = \int_0^1 (x - 0.5)^2 \mathrm{d}x = 1/12$；12 个数加起来就会产生 12 倍大的方差。（b）与（c）的 Python 代码为

```
x=randn(100)
autoplotc(x,yscale='prob')
```

4.11　均值：$\langle t \rangle = 1/k$，方差：$\langle (t-k^{-1})^2 \rangle = 1/k^2$。运用 $\int_0^\infty t^n \exp(-kt)$ $\mathrm{d}t = n! / k^{n+1}$ 计算积分。

4.12　SSR = 115.6；SSE = 154.0；F = 6.005；cdf（F，1，8）= 0.96；在 5% 的置信水平下，治疗是显著的。

5.1　是的，表 2.1 中的数据是来自正态分布的样本。图 2.1 给出了一条直线；$\mu = 8.68$，$\sigma = 1.10$。精确度大约为 0.05。

5.2　由 $\dfrac{1}{n} \sum (x_i - \langle x \rangle)^2$ 开平方可证。

5.3　不需要；将 $y = x - c$ 代入方程进行计算，所有关于 c 的项都抵消了。

5.4　如果 c 超过了 10^7，通常会出错。建议使用 Python 函数：

```
def rmsd(c):
    n=1000
    x=randn(n)+c
    xav=x.sum()/n
    rmsd1=((x-xav)**2).sum()/n
    rmsd2=(x**2).sum()/n - xav**2
    return [rmsd1,rmsd2]
```

第一个值是正确的，但是第二个值就可能出现错误。

5.5　s. d. 估计等于 $\hat{\sigma} = \sqrt{\langle (\Delta x)^2 \rangle n/(n-1)}$，其中，$\langle (\Delta x)^2 \rangle$ 为均方偏差。如果 $n = 15$，则 σ 的 s. d. 为 19%，可得 $\hat{\sigma} = 5 \pm 1$。如果 $n = 200$，则 σ 的 s. d. 为 5%，可得 $\hat{\sigma} = 5.1 \pm 0.3$。第一种情况的均值为 75±5，第二种情况的均值为 75.3±5.1。

5.6

1.（a）平均值：29.172s

（b）msd：0.03155s^2

（c）rmsd：0.1775s

（d）范围：28.89～29.43s；中位数：29.24s；第一四分位数：29.02s；第三四分位数：29.33s。

2.（a）均值：29.172s；

（b）方差：0.0354s^2；

（c）s.d.：0.188s；

（d）0.063s；

（e）0.017s；0.047s；0.016s。

3.（29.16±0.06）km/h；偏差：（+6.6±4%）km/h

4. 没有影响。测量中已经包含了保持车速准确的不准确性。

5. 80%：29.10～29.25s；90%：29.07～29.27s；95%：29.06～29.28s

6. 80%：123.06～123.74km/h；90%：123.00～123.82km/h；95%：122.91～123.92km/h

7. 80%：123.06～123.76km/h；90%：122.97～123.85km/h；95%：122.88～123.94km/h

8. 80%：123.03～123.76km/h；90%：122.91～123.90km/h；95%：122.79～124.02km/h

5.7　运用加权平均：$N_A = 6.02214189(20) \times 10^{23}$。

5.8　首先构造一列含 27 个可能值的 z，然后再画图。

```
z=[-1.]+[-2./3.]*3+[-1./3.]*6+[0.]*7+[1./3.]*6
   +[2./3.]*3+[1.]
autoplotc(z,yscale='prob')
```

这个图可以完美地与一条过（0，50%）的直线拟合；$\sigma = 0.47$（精确值为 0.471）。

5.9　请注意，$\delta(x-a)$ 的特征函数等于 $\exp(iat)$。变量 x 随机地从 -1，0，$+1$ 三个数中选取，其概率密度函数由三个 δ 函数构成 $\Phi(t) = \frac{1}{3}\delta(x+1) + \frac{1}{3}\delta(x) + \frac{1}{3}\delta(x-1)$，其特征函数为 $\frac{1}{3}[1 + \exp(-it) + \exp(it)]$。这样三个变量 x_1，x_2，x_3 和的 pdf 为 $f(x_1)$，$f(x_2)$，$f(x_3)$ 的卷积；特征函数等于 $\Phi(t)^3$。由这个三次幂可得

$$[\exp(3it) + 3\exp(2it) + 6\exp(it) + 7 + 6\exp(-it) + 3\exp(-2it) + \exp(-3it)]/27$$

它的傅里叶变换包含七个分别在 $x = -3$，-2，-1，0，1，2，3 的 δ 函数。如果对这三个值求平均值，而不是求和，则 x 的值减少一个因子 3。

由特征函数在 $t = 0$ 的二阶导数可以求出方差，或者直接通过 pdf 并且和等于 2 或者平均值等于 2/9。

6.1　直线过点（9，100）和（188，1）（精度大约为 1%）。得出 $k = \ln 100/(188-9) = 0.0257$，$c_0 = 126$。

6.2　（小数位数足够多）

Lineweaver-Burk：$K_m = 1/0.0094 = 106.383$；$v_{max} = K_m$（0.04 + 0.0094）/0.35 = 15.015；

Eadie-Hofstee：$K_m = (15-2)/(0.120-0.007) = 115.04$；$v_{max} = 0.120 K_m + 2 = 15.805$；

Hanes：$v_{max} = 500/(39-7.5) = 15.873$；$K_m = 7.5 v_{max} = 119.05$

6.3　绘制 $1000/T$ 的数据图，水平标度 k 从 1.14 到 1.30。画过点的最优直线，该直线过（1.14，9.5e-3）以及（1.30，2.0e-4）。因此 $E/1000R = [\ln(9.5\mathrm{e}{-3})/(2.0\mathrm{e}{-4})]/[1.30-1.14] = 24.13$，且 $E = 200.63 \mathrm{kJ/mol}$。改变 E 在 191.69 到 208.24 之间的斜率。结果：$E = (201 \pm 8)\ \mathrm{kJ/mol}$。由这些数可能会得不同（不显著）的值。

6.4　（68.8±0.6）mmol/L（请注意，现在已经不用单位摩尔每升（M，mol/L）了）。

7.1　运用 Python 程序 fit（见代码 7.7）。函数为 $y = ax + b$，由最优拟合可得 $a = 7.23 \pm 0.31$，$b = 0.0636 \pm 0.0017$，且它们的相关系数为 $p_{ab} = 0.816$。由此可得 $v_{max} = 1/b = 15.7 \pm 0.4$，$K_m = a/b = 114 \pm 8$。$a/b$ 的相对不确定度 δ 为

$$\delta^2 = \left(\frac{\sigma_a}{a}\right)^2 + \left(\frac{\sigma_b}{b}\right)^2 - 2\rho_{ab}\frac{\sigma_a \sigma_b}{ab}$$

数据 $[S, v]$ 的直接非线性拟合可得 $v_{max} = 15.7 \pm 0.4$，$K_m = a/b = 115 \pm 8$。

7.2　运用 Python 程序 fit（见代码 7.7）。如果函数为 $y = -aT + b$，求得 $\Delta S = a = 0.259 \pm 0.013$，$b = 110.3 \pm 3.9$，$\rho_{ab} = 0.99778516$。外推到 $T = 350$，有 $\Delta G(350) = 19.81 \pm 0.71$，s. d. 为

$$\sigma^2_{\Delta G} = 350^2 \sigma^2_a + \sigma^2_b - 2.350. \rho_{ab} \sigma_a \sigma_b$$

如果函数为 $y = -a(T-300) + b$，求得 $\Delta S = a = 0.259 \pm 0.013$，$b = 32.74 \pm 0.26$，$\rho_{ab} = 0$。外推到 $T = 350$，有 $\Delta G(350) = 19.81 \pm 0.71$，s. d. 为

$$\sigma^2_{\Delta G} = 50^2 \sigma^2_a + \sigma^2_b$$

结果完全是相同的，但是第二种情况中 $\rho = 0$，外推更简单。

7.3

$$\sigma^2_y = \left(\frac{dy}{dt}\right)^2 \sigma^2_t = \frac{\sigma^2_t}{t^2}$$

所以 $w_i = \sigma^{-2}_y = t^2_i / \sigma^2_t \propto t^2_i$。

7.4 $a = 71.5 \pm 3.8$；$b = 19.1 \pm 3.9$；$p = 0.0981 \pm 0.0061$；$q = 0.0183 \pm 0.0034$。请注意，这些值与图形估计有所偏离。多指数拟合有一定难度，这些参数具有强相关性（如 $\rho_{ab} = 0.98$），并且有时找不到最小值。

7.5 假设透镜的位置为 c，$yf(x, [f, c]) = c + f \times (c-x) / (c-x-f)$。由最小二乘拟合可得 $f = 55.15$，$c = 187.20$。$S_0 = 3.13$，自由度为 4。协方差矩阵 $S_0 / 4 \times$ 最小二乘输出

$\sigma_1 = 0.2$，$\sigma_2 = 0.3$，$\rho = 0.91$。结果：$f = (55.1 \pm 0.2)$ mm。

7.6 读者可以自己证明。

7.7 由输出程序 report 就足够了，尝试

```
x=arange(100.); sig=ones(100)
y1=randn(100); y2=y1+0.01*x
```

report([x,y1,sig]) 可能偏移不明显，而 y2 偏移更明显。

第 2 部分　　附　　录

为什么和式中是将平方不确定度相加

考虑两个量的和 $f=x+y$，每个量都来自一个概率分布，并且有

$$E(x)=\mu_x, \quad E\big[(x-\mu_x)^2\big]=\sigma_x^2 \tag{A.1}$$

$$E(y)=\mu_y, \quad E\big[(y-\mu_y)^2\big]=\sigma_y^2 \tag{A.2}$$

则 $f=x+y$ 的期望为

$$\mu=\mu_x+\mu_y \tag{A.3}$$

方差为

$$\begin{aligned}
\sigma_f^2 &= E\big[(f-\mu)^2\big]=E\big[(x-\mu_x+y-\mu_y)^2\big] \\
&= E\big[(x-\mu_x)^2+(y-\mu_y)^2+2(x-\mu_x)(y-\mu_y)\big] \\
&= \sigma_x^2+\sigma_y^2+2E\big[(x-\mu_x)(y-\mu_y)\big]
\end{aligned} \tag{A.4}$$

如果 x 和 y 相互独立（即，与 x 均值的偏差和与 y 均值的偏差是统计意义下的独立样本），则式（A.4）中就没有最后一项[⊖]。在这个前提下，每个量的平方不确定度（方差）加起来就是和的平方不确定度。

我们也可以很容易看出，如果两个组成量的偏差是相关的，那么和的偏差就不再是每个组成量平方偏差的简单相加了。$E\big[(x-\mu_x)(y-\mu_y)\big]$ 就是 x 和 y 的协方差。将两个量的协方差与它们各自的标准差做比值，得到相关系数 ρ_{xy}：

$$\mathrm{Cov}(x,y)=E\big[(x-\mu_x)(y-\mu_y)\big] \tag{A.5}$$

$$\rho_{xy}=\frac{\mathrm{Cov}(x,y)}{\sigma_x\sigma_y} \tag{A.6}$$

因此，和的方差可以写成

$$\mathrm{Var}(x+y)=\mathrm{Var}(x)+\mathrm{Var}(y)+2\,\mathrm{Cov}(x,y) \tag{A.7}$$

差的方差可以写成

⊖　严格地说，这个条件是两个量不相关，即它们的协方差是零。这个条件要比独立的条件更宽松。

$$\mathrm{Var}(x-y) = \mathrm{Var}(x) + \mathrm{Var}(y) - 2\mathrm{Cov}(x,y) \qquad (A.8)$$

对于乘积或商而言，相对偏差的表达式是同样的形式：

$$\frac{\mathrm{Var}\,f}{f^2} = \frac{\mathrm{Var}\,x}{x^2} + \frac{\mathrm{Var}\,y}{y^2} \pm 2\,\frac{\mathrm{Cov}(x,y)}{xy} \qquad (A.9)$$

当 $f = xy$ 时，最后一项的符号取加号；当 $f = x/y$ 时，最后一项的符号取减号。

假设偏差非常小，则只需要考虑泰勒展开式中的一阶部分。于是，函数 $f(x_1, x_2, \cdots)$ 方差的一般表达式为

$$\mathrm{Var}(f) = \sum_{i,j} \frac{\partial f}{\partial x_i} \frac{\partial f}{\partial x_j} \mathrm{Cov}(x_i, x_j) \qquad (A.10)$$

其中，$\mathrm{Cov}(x_i, x_i) = \mathrm{Var}(x_i)$。这个表达式也可以写成

$$\mathrm{d}f = \sum_i \frac{\partial f}{\partial x_i} \mathrm{d}x_i$$

的平方。

下面举例说明协方差的运用。假设我们已经对一组数据点进行了 $f(x) = ax + b$ 最小二乘分析（通过计算机程序实现），结果为[⊖]

$$a = 2.30526, \quad b = 5.21632$$

$$\sigma_a = 0.00312, \quad \sigma_b = 0.0357, \quad \rho_{ab} = 0.7326$$

有了这些结果就可以实现插值或者外推：推测 $f(10)$ 的值是多少？标准偏差是多少？

为此，首先需要确定相加的两个量 ax 和 b 的值以及方差和协方差。这里，x 是倍加系数，在 $\mathrm{Var}(ax)$ 中是二次方，在 $\mathrm{Cov}(ax, b)$ 中是线性的：

$$ax = 23.0526, \quad b = 5.21632, \quad f = 28.26892$$

$$\mathrm{Var}(ax) = 0.00312^2 \times 10^2, \quad \mathrm{Var}(b) = 0.0357^2$$

$$\mathrm{Cov}(ax, b) = 10 \times 0.7326 \times 0.00312 \times 0.0357$$

代入式（A.7），可得 $\mathrm{Var}(f) = 0.00388$。忽略协方差，$\mathrm{Var}(f)$ 就等于 0.00225。f 的标准差为 0.0623，最终结果为 $f = 28.27 \pm 0.06$。

⊖ 请注意，此处给出了数值的多位小数。这是关于统计分析中间结果的一种好方法，可以避免不必要的舍入误差。

附录 B　随机误差引起的系统偏差

如果 $f(x)$ 具有明显的弯曲，即使 x 的随机偏差服从均匀分布，也会引起 f 的系统偏差。假设有若干半径近似但不完全相等的球体。测量它们的半径，发现半径近似服从正态分布，且 $r = (1.0 \pm 0.1)\,\mathrm{mm}$。则球体体积（保留足够小数位数）为 $V = \dfrac{4}{3}\pi r^3 = 4.19\,\mathrm{mm}^3$。但是，如果计算到 r 更高阶的三次幂，则有

$$(r \pm \Delta r)^3 = r^3 \pm 3r^2 \Delta r + 3r(\Delta r)^2 \pm (\Delta r)^3$$

假设 Δr 服从均匀分布，则上式中第三项始终为正，因此 f 的期望为

$$E(r^3) = r^3 + 3r\,\mathrm{Var}(r)$$

如果 $E[f(x)] \neq f(E(x))$，则存在系统偏差或者偏离。本例中，体积偏差为 $0.13\,\mathrm{mm}^3$，体积期望为 $4.32\,\mathrm{mm}^3$。如果不进行修正，预测体积有 -0.13 的偏差。这是标准偏差的十分之一，因此并不重要。但是有些情况下，需要对这种偏差进行修正。

注意泰勒展开式的第二项，可以得出

$$f(x) = f(a) + (x-a)f'(a) + \frac{1}{2}(x-a)^2 f''(a) + \cdots \tag{B.1}$$

$$E(f) = f(E(x)) + \frac{1}{2}\frac{\mathrm{d}^2 f}{\mathrm{d}x^2}\,\mathrm{Var}(x) + \cdots \tag{B.2}$$

特例：指数函数采样

至少有一种相当常见的应用程序需要对偏差进行评估：计算一个统计分布量指数函数的平均值。例如，用粒子插入法计算分子模拟（分子动力学或蒙特卡罗方法）中分子物种的热力学势 μ 需要对粒子进行多次随机插入试验。如果计算的插入粒子与其第 i 次插入的环境的相互作用能为 E_i，则过剩热力学势（超过理想气体值）近似于

$$\mu^{\mathrm{exc}} = \beta^{-1}\ln\left[\frac{1}{N}\sum_{i=1}^{N} \mathrm{e}^{-\beta E_i}\right] \tag{B.3}$$

其中 $\beta = 1/(k_B T)$，k_B = 玻尔兹曼常数，T 是绝对温度。对于其他由模拟确定的自由能类型取平均是一样的。有关这些方法的物理细节，请参阅 Berendsen（2007）。[一]

设 x 是随机样本变量，分布函数为 $f(x)$，这类问题的基本统计量就是对 x 指数函数取平均。考虑该平均值的对数：

$$y = -\frac{1}{\beta}\ln\langle e^{-\beta x}\rangle \tag{B.4}$$

其中

$$\langle e^{-\beta x}\rangle = E(e^{-\beta x}) = \int_{-\infty}^{+\infty} f(x)e^{-\beta x}\mathrm{d}x \tag{B.5}$$

参数 β 是 x 的缩放比例系数：假设 x 的概率分布是固定的，β 越大，平均值这个统计问题似乎越严重。问题是，偶尔出现 x 的很大的负值会对平均值产生很大的影响。我们可以通过 y 关于 β 的幂展开分析，这种展开称为累积展开。为了简单起见，不妨取 $\langle x\rangle = 0$，这样 x 分布的所有矩都是中心矩。在每个 x 上加一个任意值 a 就等于在结果 y 上加一个 a。该累积展开为

$$y = -\frac{\beta}{2!}\langle x^2\rangle + \frac{\beta^2}{3!}\langle x^3\rangle - \frac{\beta^3}{4!}(\langle x^4\rangle - 3\langle x^2\rangle^2) + O(\beta^4) \tag{B.6}$$

如果是正态分布，只要通过式（B.5）直接积分，就可以验证式（B.6）只剩下第一项，即

$$y = -\frac{\beta}{2} \tag{B.7}$$

这就是由正态分布的宽度决定的偏差。如果确定 x 的分布函数是正态分布函数，由式（B.7）就可以精确地确定 y 了。但是通过 x 的样本确定 y 是很难的。为了说明这一点，图 B.1 给出了三个 β 值下，由来自正态分布的 1000 个 x 样本的平均值得出的 y 值。结果表明，对于 $\beta = 2$ 的情形，1000 个样本刚刚够满足收敛性，但是对于 $\beta = 4$ 的情形，这个数就不能满足了。

　○　参见前文的参考文献列表。

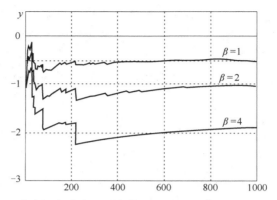

图 B.1 来自正态分布（平均值为 0，方差 $\sigma^2 = 1$）的 n 个样本，
$y = -\beta^{-1}\ln\langle\exp(-\beta x)\rangle$ 的累积平均值。理论极限为 -0.5β，
用虚线表示（摘自 Berendsen（2007））

附录 C　特征函数

概率密度函数 $f(x)$ 的特征函数为

$$\Phi(t) \overset{\text{def}}{=} E(\mathrm{e}^{itx}) = \int_{-\infty}^{+\infty} \mathrm{e}^{itx} f(x)\,\mathrm{d}x \tag{C.1}$$

$\Phi(t)$ 具有一些有趣的性质。实际上，$\Phi(t)$ 是 $f(x)$ 的傅里叶变换。这意味着两个密度函数 f_1 和 f_2 的卷积 $f_1 * f_2$ 的特征函数是相应特征函数 Φ_1 和 Φ_2 的乘积。如果 x_1 和 x_2 的密度函数分别为 f_1 和 f_2，则称两个随机变量和 $x_1 + x_2$ 的密度函数为 f_1 和 f_2 的卷积，即

$$f_1 * f_2(x) = \int_{-\infty}^{+\infty} f_1(x - \xi) f_2(\xi)\,\mathrm{d}\xi \tag{C.2}$$

傅里叶分析中的卷积定理指出卷积的傅里叶变换等于每一项傅里叶变换的乘积。这个乘积法则也适用于 n 个函数的卷积。

特征函数的另一个性质为它关于 t 的幂级数展开生成了分布的矩。因此，特征函数也称为矩生成函数。

因为

$$\mathrm{e}^{itx} = \sum_{n=0}^{\infty} \frac{(itx)^n}{n!} \tag{C.3}$$

所以

$$\Phi(x) = E(\mathrm{e}^{\mathrm{i}tx}) = \sum_{n=0}^{\infty} \frac{(\mathrm{i}t)^n}{n!} E(x^n) = \sum_{n=0}^{\infty} \frac{(\mathrm{i}t)^n}{n!} \mu_n \qquad (\mathrm{C}.4)$$

通过特征函数在 $t=0$ 处的导数可以求出矩

$$\Phi^{(n)}(0) = \left. \frac{\mathrm{d}^n \Phi}{\mathrm{d}t^n} \right|_{t=0} = \mathrm{i}^n \mu_n \qquad (\mathrm{C}.5)$$

其中，μ_n 就是矩，而不是中心矩。但是通常可以选择 x 原点的位置为均值。

方差 σ^2 就是一个具体的例子：

$$\sigma^2 = -\frac{\mathrm{d}^2 \Phi}{\mathrm{d}t^2}(0) \qquad (\mathrm{C}.6)$$

图 C.1 给出了密度函数与其特征函数之间的关系。密度函数通过积分满足规范性；当 $t=0$ 时，特征函数始终等于 1。密度函数越宽，特征函数越窄。

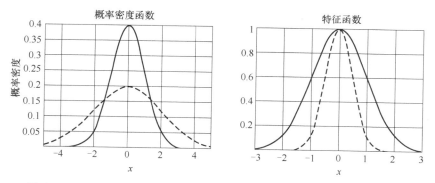

图 C.1　左图：概率密度函数（本例中为正态分布）；右图：该概率密度函数的特征函数。虚线的标准偏差是实线的两倍

附录 D　从二项分布到正态分布

1. 二项分布

考虑这种情况，观察 x 的结果或者为 1，或者为 0（或头或

尾，或是或否，或成功或失败，或在场或缺席，或者是任意想定义的二元选择）。令观察到 1 的概率等于 p，即 $E(x)=p$。如果只有两个观察值，则有可能的组合为 $00,01,10,11$。假设连续观察值是相互独立的，则 1 恰好被观察到 k 次的概率为 $f(k)$ $(k=0,1,2)$，且

$$\begin{cases} f(0)=(1-p)^2 \\ f(1)=2p(1-p) \\ f(2)=p^2 \end{cases} \qquad (D.1)$$

通常，n 次独立观察中，1 恰好被观察到 k 次的概率为

$$f(k;n)=\binom{n}{k}p^k(1-p)^{(n-k)} \qquad (D.2)$$

其中

$$\binom{n}{k}=\frac{n!}{k!(n-k)!} \qquad (D.3)$$

为二项式系数 "n 选 k"，即从含有 n 个元素的集合中选取 k 个元素的方法数。前面的例子中：$n=2$，二项式系数 $(k=0,1,2)$ 分别为 1，2，1；这些是式（D.1）中 $f(k)$ 的系数。这就是二项分布。

请注意，所有概率的和等于 1：

$$\sum_{k=0}^{n}f(k;n)=\sum_{k=0}^{n}\binom{n}{k}p^k(1-p)^{(n-k)}=(p+1-p)^n=1 \quad (D.4)$$

均值 $E(k)$ 定义为一个和式：

$$E(k)=\sum_{k=0}^{n}kf(k;n) \qquad (D.5)$$

通过计算，有

$$E(k)=pn\sum_{k=1}^{n}\binom{n-1}{k-1}p^{k-1}(1-p)^{[n-1-(k-1)]}=pn \qquad (D.6)$$

同样可以求出二项分布的方差（详细过程留给读者完成）

$$E[(k-pn)^2]=E(k^2)-2pnE(k)+(pn)^2$$

$$=\sum_{k=1}^{n}k^2f(k;n)-(pn)^2=p(1-p)n \qquad (D.7)$$

2. 多项分布

如果样本变量的可能取值不仅有 1 个（如 m），并且概率分别为 p_1，p_2，$\cdots$，p_m（$\sum_i p_i = 1$），称这样的分布为多项分布：

$$f(k_1, k_2, \cdots, k_m; n) = \frac{n!}{k_1! \ k_2! \ \cdots k_m!} \prod_{i=1}^{m} p_i^{k_i}, \qquad \sum_i k_i = n \qquad (D.8)$$

这是多维联合概率的一个例子，表示事件 1 发生 k_1 次且事件 2 发生 k_2 次等的概率。每一个事件发生次数的均值和方差与二项分布定义的相同：

$$E(k_i) = \mu_i = np_i \qquad (D.9)$$

$$E\left[(k_i - \mu_i)^2\right] = \sigma_i^2 = np_i(1 - p_i) \qquad (D.10)$$

实际上，所有 k_i 之和是有约束的，这就有了 k_i 和 k_j（$i \neq j$）的协方差：

$$\mathrm{Cov}(k_i, k_j) = E\left[(k_i - \mu_i)(k_j - \mu_j)\right] = -np_i p_j \qquad (D.11)$$

协方差矩阵是一个对称矩阵，对角线上的元素为方差，非对角线上的元素为协方差。

3. 泊松分布

（1）从二项分布到泊松分布

考虑微小颗粒的悬浮液，并且想要在显微镜下通过对 $0.1\mathrm{mm} \times 0.1\mathrm{mm} \times 0.1\mathrm{mm}$（$10^{-6}\mathrm{cm}^3$）样本中的颗粒计数，确定单位体积内的平均颗粒数。如果颗粒数密度已知，则由此可知样本体积中的平均颗粒数，那么在小体积内发现恰好有 k 个颗粒的概率是多少？

令样本体积中的平均颗粒数为 μ。将样本体积分割成 n 个小单元（n 很大），每个单元包含的颗粒不能超过 1 个。某个指定小单元包含一个颗粒的概率为 $p = \mu/n$。那么在样本体积内发现恰好有 k 个颗粒的概率等于二项分布 $f(k; n)$，且 $p = \mu/n$。

类似地，可以考虑另一个例子：电脉冲（或光子，或伽马量子，或任意其他短事件）随机发生，彼此独立。在给定的时间间隔 T 内观察该事件发生。如果在时间 T 内的平均事件数已知，那么在一个长度为 T 的时间间隔内观察到恰好有 k 个事件发生的概率是多少？在这种情况下，我们将时间 T 划分为 n 个短时间间隔。设时间 T 内发生的平均事件数为 μ。那么在时间 T 内恰好有 k 个事件发生的概率等于二项

分布 $f(k;n)$，且 $p=\mu/n$。

现在，令单元数（或者时间间隔数）n 趋向于无穷，并且 $pn=\mu$ 是个常数。此时，有 $p\to0$，但是并不改变 $pn=\mu$。因此，$k\ll n$。二项式系数近似等于 $\dfrac{n^k}{k!}$，即

$$\frac{n!}{k!(n-k)!}=\frac{n(n-1)\cdots(n-k+1)}{k!}\approx\frac{n^k}{k!} \tag{D.12}$$

所以

$$p(k)\to\frac{n^k}{k!}\left(\frac{\mu}{n}\right)^k\left(1-\frac{\mu}{n}\right)^{n-k}$$

该式的右边项趋近于 $e^{-\mu}$，这是因为 $n-k\to n$，并且有

$$\lim_{n\to\infty}\left(1-\frac{\mu}{n}\right)^n=e^{-\mu} \tag{D.13}$$

由此可得

$$f(k)=\frac{\mu^k e^{-\mu}}{k!} \tag{D.14}$$

这就是均值为 μ 的泊松分布对 k 的概率质量函数。

泊松分布是一个离散分布，观察数量 k 只能假设为非负整数值：0，1，2，…。均值 μ 为分布的参数，并且可以是任意正实数。

（2）泊松分布的性质

很容易证明泊松分布是规范的，并且它的均值为 μ。通过级数展开式

$$e^{\mu}=\sum_{k=0}^{\infty}\frac{\mu^k}{k!} \tag{D.15}$$

就可以证明它。因为 $\sum_{k=0}^{\infty}k^2\mu^k/k!=\mu^2+\mu$，所以分布的方差为

$$\mathrm{Var}(k)=\sigma^2=E\left[(k-\mu)^2\right]=\mu \tag{D.16}$$

这也是当 $p\to0$ 时，式（D.10）的极限。

4. 正态分布

从泊松分布到正态分布

如果泊松分布的 μ 值非常大，则泊松分布近似为一个均值为 μ 且 s.d. 为 $\sqrt{\mu}$ 的正态分布。要想计算出这个极限，就必须要在近似中保

持足够高的阶数，因为各项之间会趋向于相互抵消。

令 k 和 μ 同时趋于 ∞，并且同步。定义

$$x = \frac{k-\mu}{\sqrt{\mu}}, \quad k = \mu + x\sqrt{\mu}$$

同时运用阶乘 $k!$ 的斯特林逼近：

$$k! = k^k e^{-k} \sqrt{2\pi k} \left[1 + O(k^{-1})\right] \qquad (\text{D}.17)$$

将泊松分布式（D.14）的对数展开到 k^{-1} 阶：

$$\ln f(k) = k - \mu - k\ln(k/\mu) - \frac{1}{2}\ln(2\pi k) + O(k^{-1})$$

$$= x\sqrt{\mu} - (\mu + x\sqrt{\mu})\ln\left(1 + \frac{x}{\sqrt{\mu}}\right) - \frac{1}{2}\ln\left[2\pi\mu\left(1 + \frac{x}{\sqrt{\mu}}\right)\right]$$

因为 $\ln\mu \to \infty$，整个表达式趋于 $-\infty$！这正是我们所预料的，因为计算 k 精确地取一个（整数）值的概率（显然趋于 0），不是概率密度 $f(x)$。展开对数

$$\ln(1+z) = z - \frac{1}{2}z^2 + O(z^3) \qquad (\text{D}.18)$$

最终可以得到

$$\lim_{k \to \infty} \ln f(k) = -\frac{1}{2}x^2 - \frac{1}{2}\ln(2\pi\mu)$$

x 相继的两个离散值之间的距离为

$$\Delta x = \frac{k+1-\mu}{\sqrt{\mu}} - \frac{k-\mu}{\sqrt{\mu}} = \frac{1}{\sqrt{\mu}}$$

因此，x 和 $x+\mathrm{d}x$ 之间有 $\sqrt{\mu}\,\mathrm{d}x$ 个离散值。所以有

$$f(x)\,\mathrm{d}x = \frac{1}{\sqrt{2\pi}}\exp\left(-\frac{x^2}{2}\right)\mathrm{d}x \qquad (\text{D}.19)$$

这就是我们开始要证明的。

附录 E　中心极限定理

尽管几乎所有的统计学教科书都包含中心极限定理，但给出其证

大学生理工专题导读——数据与误差分析

明的却几乎没有。现有文献中包括有效性限制讨论的最佳参考文献可在 Cramér（1946）[一]中找到。Van Kampen（1981）[二]给出了更直观的讨论。你需要知道概率分布的特征函数是什么（见附录 C）。Cramér 将中心极限定理表述如下：

无论独立变量 x_i 的分布是什么（要求满足某些非常基本的条件），和 $x = x_1 + \cdots + x_n$ 服从渐近正态分布 $N(m, \sigma)$，其中 m 是和的均值，σ^2 是和的方差。

"渐近正态"的意思是：当 n 足够大时，x 的分布趋向于正态分布 $N(m, \sigma)$。"某些非常基本的条件"要求 x 中每个量都具有有限方差。此外，当 n 足够大时，三阶矩之和除以总方差的 3/2 次方一定趋于 0。后者对于对称分布通常都成立，对相同分布的和也同样成立，除非在病态情况下才不成立。

考虑大量（n 个）独立的连续随机变量 $x_1 + \cdots + x_n$ 之和 x：

$$x = \sum_{i=1}^{n} x_i \tag{E.1}$$

其中每个量的概率密度函数为 $f(x_i)$，具有有限均值 m_i 和有限方差 σ_i^2。那么，当 n 趋向于无穷时，x 的概率密度函数 $f(x)$ 是什么？

首先去掉均值。因为

$$\sum_i (x_i - m_i) = \sum_i x_i - \sum_i m_i = x - m \tag{E.2}$$

x 的均值为 x_i 均值的和。所以，不再考虑 x_i，而是 $x_i - m_i$，这样每个变量与和变量的均值都为 0。下面考虑和的概率密度函数 $f(x)$。$f(x)$ 是所有 f_i 的卷积，因此 $f(x)$ 的特征函数 $\Phi(t)$ 为 $f_i(x_i)$ 的特征函数 $\Phi_i(t)$ 的乘积：

$$\Phi(t) = \prod_{i=1}^{n} \Phi_i(t) \tag{E.3}$$

或者

$$\ln\Phi(t) = \sum_{i=1}^{n} \ln\Phi_i(t) \tag{E.4}$$

[一] 见前文的参考文献。
[二] 见前文的参考文献。

其中

$$\Phi_i(t) \overset{\text{def}}{=} \int_{-\infty}^{+\infty} e^{ixt} f_i \mid (x) \, dx \qquad (E.5)$$

我们知道 $\Phi(0) = 1$。但是当 $t \neq 0$ 时，有 $\Phi_i(t) < 1$（因为 $t = 0$ 处的一阶导数等于 0，二阶导数小于 0），因此乘积 $\Phi(t)$ 趋于 0。所以 $\Phi_i(t)$ 为关于 t 的快速退化函数。如果 t 非常小，会出现什么情况呢？

根据 $\Phi_i(t)$ 展开式（C.4），将 $\ln \Phi_i(t)$ 按 t 的幂次展开：

$$\ln \Phi_i(t) = -\frac{1}{2}\sigma_i^2 t^2 - \frac{i}{6}\mu_{3i} t^3 + \frac{1}{24}(\mu_{4i} - 3\sigma_i^4) t^4 + \cdots \qquad (E.6)$$

用 σ^2 表示 $\sum_i \sigma_i^2$，可得

$$\ln \Phi(t) = -\frac{1}{2}\sigma^2 t^2 \left[1 + \frac{i}{3}\frac{\sum_i \mu_{3i}}{\sigma^3}\sigma t - \frac{1}{12}\left(\frac{\sum_i \mu_{4i}}{\sigma^4} - 3\frac{\sum_i \sigma_i^4}{\sigma^4} \right)\sigma^2 t^2 \cdots \right] \qquad (E.7)$$

在弱条件下，$\sum_i \sigma_i^2$，$\sum_i \mu_{3i}$ 等项大小与 n 成比例，所以第二项中的因子 $\sum_i \mu_{3i}/\sigma^3$ 与 $n^{-1/2}$ 成比例，第三项中的因子与 n^{-1} 成比例。因此，n 足够大时，$\ln \Phi(t)$ 趋近于 $-\sigma^2 t^2/2$：

$$\lim_{n \to \infty} \Phi(t) = e^{-(\sigma^2 t^2/2)} \qquad (E.8)$$

也就意味着这个概率密度函数是正态的：

$$\lim_{n \to \infty} f(x) = \frac{1}{\sigma\sqrt{2\pi}}\exp\left(-\frac{x^2}{2\sigma^2} \right) \qquad (E.9)$$

综上所述，我们可以说，随着 n 的增加，相对于 t^2 项，$\ln \Phi(t)$ 中 t 的更高次幂项逐渐减小，幂次越高，对应项减小得越快。减小最慢的是三次幂的项（与偏度有关），它仅随 n 的平方根的倒数而缓慢减小。

下面来看一个与习题 4.10 类似的例子。考虑 n 个来自 $[-a, a)$ 上均匀分布随机数和的分布函数。图 E.1 给出了 $n = 1$，2，10 对应的分布函数，并与正态分布 $N(0, 1)$ 进行比较。每种情况下，选择 a 使得到的和变量分布函数的标准偏差为 1。

对任意 n，用傅里叶变换生成分布函数的 Python 代码，参见 Python 代码 E.1。

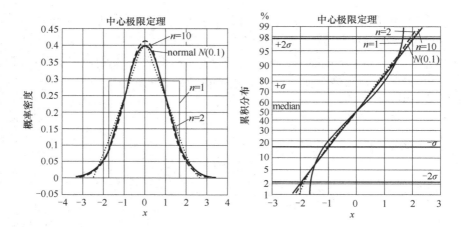

图 E.1 选取 $-a$ 到 a 上均匀分布的 n 个随机数，将其和的概率 分布（$n=1$, 2, 10）与正态分布 $N(0, 1)$ 进行比较。 每个分布都是单位方差

显然，如果有一个或者多个分布具有未定义（无限）方差时，上述推导完全不成立，例如柯西分布。服从柯西分布的随机变量之和仍然是柯西分布!

附录 F　方差估计

为什么方差的最优估计要比与平均值的均方偏差更大

假设 x_i 是来自分布 $f(\mu, \sigma)$ 的独立样本，分布的均值为 μ，s.d. 为 σ。为了找到 $\langle (\Delta x)^2 \rangle$ 和 σ 的关系，有必要先计算 $\langle (\Delta x)^2 \rangle$ 的期望。因为

$$
\begin{aligned}
\langle (\Delta x)^2 \rangle &= \langle (x - \langle x \rangle)^2 \rangle \\
&= \langle [x - \mu - (\langle x \rangle - \mu)]^2 \rangle \\
&= \langle (x - \mu)^2 \rangle - (\langle x \rangle - \mu)^2
\end{aligned}
\tag{F.1}
$$

所以

$$E\left[\left\langle(\Delta x)^2\right\rangle\right] = \sigma^2 - E\left[\left(\frac{1}{n}\sum_{i=1}^{n}(x_i - \mu)\right)^2\right]$$

$$= \sigma^2 - \frac{1}{n^2}\sum_{i=1}^{n}\sum_{j=1}^{n}E\left[(x_i - \mu)(x_j - \mu)\right] \tag{F.2}$$

不相关的数据点

如果所有的样本相互独立（因此不相关）[⊖]，式（F.2）中的二重求和会变成一重求和。这是因为 x_i 和 x_j 相互独立，则第二个和中只剩下 $j=i$ 的项，即

$$E\left[\left\langle(\Delta x)^2\right\rangle\right] = \sigma^2 - \frac{1}{n^2}\sum_{i=1}^{n}E\left[(x_i - \mu)^2\right]$$

$$= \sigma^2\left(1 - \frac{1}{n}\right) \tag{F.3}$$

所以就有 σ^2 的最优估计等于 $n/(n-1)$ 乘以与平均值的均方偏差。请注意，这对任意具有有限方差的分布都成立。

相关数据点

式（F.3）的推导中显然运用了与均值的偏差不相关这一假设。在实践中，前后的数据点通常是相关的，即当 $i \neq j$ 时，$E[(x_i - \mu)(x_j - \mu)] \neq 0$。如果数据点相关，则式（F.2）的二重求和中就会保留更多的项，σ^2 中就会减去更大的项，方差的最优估计也将更大。

接下来，针对连续数据点之间相关性已知的情况下，给出等式 $E\left[\left\langle(\Delta x)^2\right\rangle\right]$（Straatsma 等，1986）。[⊖]假设有序序列 $x_1, x_2, \cdots, x_n$ 是平稳随机变量，即具有常数方差并且 x_i 和 x_j 之间的相关系数只依赖

⊖ 独立和不相关这两个词的意思不一样。x 和 y 是两个随机变量，如果随机选择任意一个随机变量的过程相互独立，则二者在统计意义上是相互独立的；如果 $E[(x-\mu_x)(y-\mu_y)]=0$，则二者在统计意义上是不相关的。独立的样本一定不相关，但是不相关的样本不一定独立。例如，取样自 $N(0, 1)$ 的随机变量 x 与 x^2 是不相关的（因为 $E(x^3)=0$），但是它们不独立。

⊖ 见前文的参考文献。

于距离 $|j-i|$。

式（F.2）中的二重求和这一项为

$$\frac{1}{n^2} \sum_i \sum_j E[(x_i - \mu)(x_j - \mu)] = \sigma^2 \frac{n_c}{n} \qquad (\text{F.4})$$

其中，n_c 是一种关联长度：

$$n_c = 1 + 2 \sum_{k=1}^{n-1} \left(1 - \frac{k}{n}\right) \rho_k \qquad (\text{F.5})$$

其中，ρ_k 是 x_i 和 x_{i+k} 之间的相关系数：

$$E[(x_i - \mu)(x_{i+k} - \mu)] = \rho_k \sigma^2 \qquad (\text{F.6})$$

对于远大于关联长度的序列（$k \ll n$），式（F.5）可以简化为

$$n_c = 1 + 2 \sum_{k=1}^{\infty} \rho_k \qquad (\text{F.7})$$

只要通过简单的计算式（F.4）二重和中各项出现的次数就可以得到式（F.4）和式（F.5）。但图 F.1 说明了如何通过对所有矩阵元素求和来得到式（F.5）。

1	ρ_1	ρ_2	ρ_3	ρ_4
ρ_1	1	ρ_1	ρ_2	ρ_3
ρ_2	ρ_1	1	ρ_1	ρ_2
ρ_3	ρ_2	ρ_1	1	ρ_1
ρ_4	ρ_3	ρ_2	ρ_1	1

图 F.1 以 $n=5$ 为例的相关矩阵元素为 ρ_{ij}。将矩阵中所有的元素沿对角线相加，可得 $5+2(4\rho_1 + 3\rho_2 + 2\rho_3 + \rho_4)$

所以，不同于式（F.3），数据点相关的情况下有

$$E[\langle(\Delta x)^2\rangle] = \sigma^2 \left(1 - \frac{n_c}{n}\right) \qquad (\text{F.8})$$

所以数据点之间的相关性对 σ 估计的影响并不大，而且一般可以忽

略。但是，对平均值标准不准确性估计的影响会非常大，不能忽略。具体参见附录 G。

附录 G 均值的标准偏差

为什么 n 个独立数据均值 $\langle x \rangle$ 的方差等于 x 本身的方差除以 n

首先考虑 $\langle x \rangle$ 的方差

$$\mathrm{Var}(\langle x \rangle) = E[(\langle x \rangle - \mu)^2] = \frac{1}{n^2} E\left[\left\{\sum_i (x_i - \mu)\right\}^2\right] \quad (\mathrm{G}.1)$$

$$= \frac{1}{n^2} \sum_i \sum_j E[(x_i - \mu)(x_j - \mu)] \quad (\mathrm{G}.2)$$

如果数据不相关，有 $E[(x_i - \mu)(x_j - \mu)] = \sigma^2 \delta_{ij}$。因此

$$\mathrm{Var}(\langle x \rangle) = \sigma^2/n \quad (\mathrm{G}.3)$$

且

$$\sigma_{(x)} = \frac{1}{\sqrt{n}} \sigma \quad (\mathrm{G}.4)$$

如果数据相关，会对这个结论有什么影响呢

首先，我们要计算出式（G.2）中的二重和。附录 F 已经计算了有序序列的相关系数只依赖于距离 $k = |j - i|$ 的情况，见式（F.4）。因此，有

$$\mathrm{Var}(\langle x \rangle) = \sigma^2 \frac{n_c}{n} \quad (\mathrm{G}.5)$$

其中 n_c 是关联长度，定义见附录 F 中的式（F.7）。由此可以看出，数据中的相关性会增加均值不确定度。似乎数据点的有效数量要少于实际数量。为了得到不确定度的一个可靠估计，就需要知道关联长度 n_c，或者从数据中推断出 n_c。但是数据点之间的相关性很难估计，特别是对于间隔很大的情况，一般来讲不容易实现。关联长度是关联函数的一个积分，但是众所周知，从噪声数据中确定非常难。⊖

⊖ Hess（2002）给出了另外一种方法来确定具有相关性数据均值的精度，见前文的参考文献。

分块平均[一]是一个非常实用的方法，可以替代相关系数求和：将有序数据分组成块，将每个分块的平均值视为一个新的数据点。如果大部分序列相关性位于分块内，则分块平均值几乎互不相关，这样就可以运用标准方法进行处理。例如，如果您有 1000 个数据点，并且预计相关性延续到 10 或 20 个点以上，则选择 10 个分块，每个分块 100 个点。最好要通过改变分块的长度，检查结果是否具有可靠的极限。但是，在依次分块之间总是存在一些相关性，这种"分块平均"方法并不精确，但它非常实用。

例子

由蒙特卡罗方法或分子动力学模拟产生的时间序列通常包含显著的序列相关性，确定平均值误差就变得很复杂。在分子系统的动态模拟中，在步长为 0.009ps 的时间 t 内生成 20000 个数据点（t, T）的时间序列，其中 T 为"温度"（来自总动能）。应用不相关样本的法则，平均温度似乎为（309.967±0.022）K。考虑到数据点 T 的预期序列相关性，这种不准确性可能太低。什么是真正的标准不准确性呢？图 G.1 描绘了前 500 个点与时间的关系：很明显，相关性在皮秒量级的时间内持续存在，并且具有振荡性。图 G.2 描绘了根据一系列分块平均值估计的标准不准确性，分块大小从 1 到 400 点之间，或 0.009ps 到 3.6ps 之间不等。大约 2ps 后达到 0.11K 的稳定水平。该稳定值比"不相关值"大 5 倍，表明统计关联长度 n_c 约为 25 倍时间步长或 0.22ps。分块长度必须比关联长度大几倍，才能使分块具有统计独立性。平均温度的最终结果是（309.97±0.11）K。

如何由一组分块平均值估计平均值的标准不准确性，见 Python 代码 G.1。

估计的标准偏差精度如何

因为用与平均值平方偏差的和（除以 $n-1$）可以估计分布的方差，所以方差的统计信息满足随机样本平方和的统计信息。如果样本

[一] 这种方法类似但是不同于"刀切法"。刀切法通过对数据集求平均来估计均值和方差，忽略了数据子组。参见参考文献中的 Wolter（2007）第 4 章。

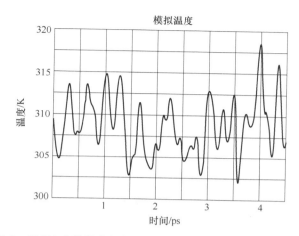

图 G.1　20000 个数据点的集合中前 500 个点，其温度来自动能，
为分子系统的分子动力学模拟时间的函数。点之间的
时间间隔为 0.009ps

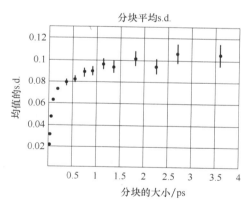

图 G.2　分块平均法下，20000 个数据点均值的不准确性（标准偏差）。数据
点中的温度（来自分子动力学模拟）为时间的函数。假设分块平均值
不相关，分块的大小从 1 个点（0.009ps）到 400 个点（3.6ps）
不等。误差棒表示基于分块平均值的有限个数 n_b 的 s.d. 的
不确定度，其相当于相对误差 $1/\sqrt{2(n_b-1)}$

来自正态分布，其平方和服从"χ^2 分布"（见 7.4 节的数据表之 χ^2 分布）。χ^2 分布均值为 ν，方差为 2ν；因此其相对 s. d. 为 $\sqrt{2/\nu}$，其中 ν 是自由度的个数：$\nu = n-1$。因此方差的相对 s. d. 为 $\sqrt{2/(n-1)}$，标准偏差本身的相对 s. d. 为 $\dfrac{1}{\sqrt{2(n-1)}}$。这个对于来自正态分布的独立样本是成立的。任何序列相关性都会增加这个不准确性。

附录 H 不等方差下的权重因子

对于期望 μ 相同且标准偏差 σ_i 不同的若干数据 x_i，确定其均值的"最优"方法是什么？

答案就是：求加权平均

$$\langle x \rangle = \frac{1}{w} \sum_{i=1}^{n} w_i x_i, \quad w = \sum_{i=1}^{n} w_i \tag{H.1}$$

但是依然存在问题：如何选择 w？什么是最优选择的正确标准？均值的估计应该是无偏的，也就是均值的期望等于 μ，这个标准没什么用，因为无论选择什么样的权重因子这个标准都成立。接下来想到的标准自然就是最小方差估计：最清楚明确的，因此也是最准确的值。因此，使得要确定的 w_i 满足：

$$E[(\langle x \rangle - \mu)^2] = E[\langle x - \mu \rangle^2] \text{ 最小} \tag{H.2}$$

或者

$$
\begin{aligned}
E[\langle x - \mu \rangle^2] &= E\left[\frac{1}{w^2}\left(\sum_i w_i(x_i - \mu)\right)^2\right] \\
&= \frac{1}{w^2} \sum_{i,j} w_i w_j E[(x_i - \mu)(x_j - \mu)] \\
&= \frac{1}{w^2} \sum_{i,j} w_i w_j \mathrm{Cor}(x_i, x_j) \text{ 最小}
\end{aligned} \tag{H.3}
$$

不妨假设 x_i 与 x_j 不相关，因此和式中只剩下 $j=i$ 的项。所以只需在 $\sum_i w_i$ 是个常数的条件下，求 $\sum_i w_i^2 \sigma_i^2$ 的最小值。求解带边界条件最优化问题的标准方法就是拉格朗日乘子法。该方法要将边界条件（$\sum_i w_i$ 是常数）乘以待定乘子 λ，然后加到要最小化的函数中。接下来，整个函数对每个变量求偏导数并令偏导数等于零，得到一个方程组。方程组的解仍然包含待定乘子，但后者满足边界条件。具体过程如下：

$$\frac{\partial}{\partial w_i}\left(\sum_j w_j^2 \sigma_j^2 + \lambda \sum_j w_j\right) = 2w_i\sigma_i^2 + \lambda = 0 \qquad (\text{H.}4)$$

因此，有

$$w_i \propto \frac{1}{\sigma_i^2} \qquad (\text{H.}5)$$

结论就是每个数据点的权重必须与这个点的方差的倒数成比例。这个结论只对数据点偏差不相关的情况成立。

如果假设偏差服从正态分布，也可以得到同样的结论。然而，要求方差最小更普遍并且其结果适用于任何具有有限方差的分布函数。

⟨*x*⟩ 的方差有多大

要想求出 $\langle x \rangle$ 的方差，就要计算 $(\langle x \rangle - \mu)^2$ 的期望。当 x_i 与 x_j 不相关时，$(\langle x \rangle - \mu)^2$ 的期望为

$$\sigma_{\langle x \rangle}^2 = E\left[(\langle x \rangle - \mu)^2\right] = \frac{1}{w^2}\sum_i w_i^2 \sigma_i^2$$

取 $w_i = 1/\sigma_i^2$，则有

$$\sigma_{\langle x \rangle}^2 = \frac{1}{w^2}\sum_i \frac{1}{\sigma_i^2} = \left(\sum_i \frac{1}{\sigma_i^2}\right)^{-1} \qquad (\text{H.}6)$$

附录 I　最小二乘拟合

本附录中要用到矩阵符号。粗体小写字母表示列矩阵（是一个 $n \times 1$ 矩阵，表示矢量）；粗体大写字母表示矩阵。以 $C_{ij} = \sum_k A_{ik}B_{kj}$ 为元素的矩阵定义为矩阵乘积 $\boldsymbol{C} = \boldsymbol{AB}$。以 $(\boldsymbol{A}^{\mathrm{T}})_{ij} = A_{ji}$ 为元素的矩阵定义为

A 的转置 A^T。A 的主对角线上元素之和为迹 $\mathrm{tr}(A)$。逆 A^{-1} 满足 $A^{-1}A = AA^{-1} = I$（单位矩阵）。已知有 $(AB)^T = B^T A^T$ 以及 $(AB)^{-1} = B^{-1}A^{-1}$。矩阵乘积的项循环排列后，迹具有不变性：$\mathrm{tr}(ABC) = \mathrm{tr}(CAB)$。请注意，列矩阵（矢量）$a$ 的乘积 $a^T a$ 等于 $\sum_i a_i^2$，是个标量；同时，aa^T 是以 $a_i a_j$ 为元素的方阵。

1. $y \approx ax+b$ 中，如何得到参数 a，b 的最优值？

要想求出函数 $f(x) = ax+b$ 中 a 和 b 的最优值，使得

$$S = \sum_{i=1}^{n} w_i(y_i - f_i)^2 = \sum_{i=1}^{n} w_i(y_i - ax_i - b)^2 \text{ 最小}$$

只需要将 S/w（$w = \sum_i w_i$）分别对 a 和 b 求导，同时令导数等于 0，然后求解方程组：

$$\frac{1}{w}\frac{\partial S}{\partial a} = -\frac{2}{w}\sum_{i=1}^{n} w_i x_i(y_i - ax_i - b) = 0$$

$$\frac{1}{w}\frac{\partial S}{\partial b} = -\frac{2}{w}\sum_{i=1}^{n} w_i(y_i - ax_i - b) = 0$$

由第二个方程可得 $b = \langle y \rangle - a\langle x \rangle$，将 b 代入第一个方程中，可解出 a，见式（7.13）。这里的平均值为加权平均

$$\langle y \rangle = \frac{1}{w}\sum_{i=1}^{n} w_i y_i$$

2. 一般线性回归

一般地，关于 m 个参数 θ_k，$k = 1$，2，$\cdots$，m 是线性方程组，可以写成

$$f_i(\theta_1, \theta_2, \cdots, \theta_m) = \sum_{k=1}^{m} A_{ik}\theta_k, \quad f(\boldsymbol{\theta}) = A\boldsymbol{\theta} \tag{I.1}$$

假设"真"值 y_i 可以记为

$$y = A\boldsymbol{\theta}_m + \boldsymbol{\varepsilon} \tag{I.2}$$

其中 $\boldsymbol{\theta}_m$ 是参数的"真"模型值，并且 $\boldsymbol{\varepsilon}$ 是加上的随机变量或"噪声"。$\boldsymbol{\varepsilon}$ 具有下列性质：

$$E(\boldsymbol{\varepsilon}) = \mathbf{0} \tag{I.3}$$

$$E(\boldsymbol{\varepsilon\varepsilon}^T) = \boldsymbol{\Sigma} \tag{I.4}$$

其中 $\boldsymbol{\Sigma}$ 是测量值 $\boldsymbol{y}$ 中"误差" $\boldsymbol{\varepsilon}$ 的协方差矩阵。这是关于数据点相关性的一般假设。如果 $\boldsymbol{\Sigma}$ 是对角阵，则数据不相关。

卡方和可以记作

$$\chi^2 = (\boldsymbol{y}-\boldsymbol{A\theta})^{\mathrm{T}}\boldsymbol{\Sigma}^{-1}(\boldsymbol{y}-\boldsymbol{A\theta}) \tag{I.5}$$

现在很常见的情况是：并不知道精确的 $\boldsymbol{\Sigma}$，只知道数据的相对大小和相互关系。因此，根据不确定度的有限信息，假设可以赋给一个权重矩阵 $\boldsymbol{W}$，该权重矩阵 $\boldsymbol{W}$ 与测量值中随机误差协方差矩阵的逆成比例：

$$\boldsymbol{W} = c\boldsymbol{\Sigma}^{-1} \tag{I.6}$$

其中常数 c 是未知的。在特定条件下，可以从数据本身推导出 c。如果数据点之间没有相关性，则 $\boldsymbol{\Sigma}$ 和 $\boldsymbol{W}$ 都是对角阵，对角线的元素分别为 σ_i^2 和 $c\sigma_i^{-2}$。

下面就可以构建 SSQ：（加权）平方偏差和

$$S = (\boldsymbol{y}-\boldsymbol{A\theta})^{\mathrm{T}}\boldsymbol{W}(\boldsymbol{y}-\boldsymbol{A\theta}) = c\chi^2 \tag{I.7}$$

由 S 关于参数的导数可以得到一个矢量为

$$\frac{\partial S}{\partial \boldsymbol{\theta}} = -2\boldsymbol{A}^{\mathrm{T}}\boldsymbol{W}(\boldsymbol{y}-\boldsymbol{A\theta}) = 0 \tag{I.8}$$

$\boldsymbol{\theta}$ 的最小二乘解 $\hat{\boldsymbol{\theta}}$ 就是方程组（I.9）的解：

$$\boldsymbol{A}^{\mathrm{T}}\boldsymbol{WA\theta} = \boldsymbol{A}^{\mathrm{T}}\boldsymbol{Wy} \tag{I.9}$$

因此，最终解就是 $\boldsymbol{\theta}$ 的最优估计：

$$\hat{\boldsymbol{\theta}} = (\boldsymbol{A}^{\mathrm{T}}\boldsymbol{WA})^{-1}\boldsymbol{A}^{\mathrm{T}}\boldsymbol{Wy} \tag{I.10}$$

该式可以求解任意类型的线性最小二乘拟合，包括多个解释变量情形以及数据点具有任意已知相关性的情形。请注意，要确定最小值不需要精确的个体不准确性：如果 $\boldsymbol{W}$ 的所有值都乘以常数，则解 $\hat{\boldsymbol{\theta}}$ 不改变。

根据式（I.2）以及式（I.3），有 $E(\boldsymbol{y}) = \boldsymbol{A\theta}_m$。所以，最小二乘解 $\hat{\boldsymbol{\theta}}$ 是 $\boldsymbol{\theta}$ 的无偏估计，也就是估计的期望等于真值：

$$E(\hat{\boldsymbol{\theta}}) = (\boldsymbol{A}^{\mathrm{T}}\boldsymbol{WA})^{-1}\boldsymbol{A}^{\mathrm{T}}\boldsymbol{W}E(\boldsymbol{y}) = \boldsymbol{\theta}_m \tag{I.11}$$

3. 参数的函数 SSQ

$S(\boldsymbol{\theta})$ 的表达式（I.7）可以写成参数的二次函数。将 S 与 χ^2 联系起来，可知似然概率 $\exp\left(-\dfrac{1}{2}\chi^2\right)$（见式（7.4））是参数的二次函数，并且由此可以估计出参数的方差和协方差。

将与参数最优估计的偏差记为

$$\Delta\boldsymbol{\theta} \overset{\text{def}}{=} \boldsymbol{\theta} - \hat{\boldsymbol{\theta}} \tag{I.12}$$

S 的最小值记为

$$S_0 = (\boldsymbol{y} - \boldsymbol{A}\hat{\boldsymbol{\theta}})^{\mathrm{T}} \boldsymbol{W} (\boldsymbol{y} - \boldsymbol{A}\hat{\boldsymbol{\theta}}) \tag{I.13}$$

把式（I.10）和式（I.12）代入式（I.13），有

$$S(\boldsymbol{\theta}) = S_0 + \Delta\boldsymbol{\theta}^{\mathrm{T}} \boldsymbol{A}^{\mathrm{T}} \boldsymbol{W} \boldsymbol{A} \Delta\boldsymbol{\theta} \tag{I.14}$$

此处运用了梯度表达式（I.8）。可以看出，S 是一个关于 $\Delta\boldsymbol{\theta}$ 的抛物线函数。

由于似然概率依赖于 $\chi^2 = S/c$，我们需要对 c 进行估计。这个问题比较简单，χ_0^2 的期望等于其自由度 $n-m$：

$$\hat{\chi_0^2} = \frac{S_0}{c} = n - m \tag{I.15}$$

所以 $c = S/(n-m)$，并且

$$\hat{\chi^2}(\boldsymbol{\theta}) = n - m + \frac{n-m}{S_0} \Delta\boldsymbol{\theta}^{\mathrm{T}} \boldsymbol{A}^{\mathrm{T}} \boldsymbol{W} \boldsymbol{A} \Delta\boldsymbol{\theta} \tag{I.16}$$

$$= n - m + \Delta\boldsymbol{\theta}^{\mathrm{T}} \boldsymbol{B} \Delta\boldsymbol{\theta} \tag{I.17}$$

其中

$$\boldsymbol{B} \overset{\text{def}}{=} \frac{n-m}{S_0} \boldsymbol{A}^{\mathrm{T}} \boldsymbol{W} \boldsymbol{A} \tag{I.18}$$

由式（I.17）可以看出，$\chi^2(\boldsymbol{\theta})$ 的二阶导数矩阵为 $2\boldsymbol{B}$。

似然概率 $P\left[\text{与} \exp\left(-\dfrac{1}{2}\chi^2\right) \text{成比例}\right]$ 的形式为

$$P \propto \exp\left[-\frac{1}{2} \Delta\boldsymbol{\theta}^{\mathrm{T}} \boldsymbol{B} \Delta\boldsymbol{\theta}\right] \tag{I.19}$$

如果有不确定度 $\boldsymbol{\Sigma}$ 的可靠信息的情况下，就可以取权重矩阵恰好等于

$\boldsymbol{\Sigma}^{-1}$，则似然概率为

$$P \propto \exp\left[-\frac{1}{2}\Delta\boldsymbol{\theta}^{\mathrm{T}}\boldsymbol{A}^{\mathrm{T}}\boldsymbol{\Sigma}^{-1}\boldsymbol{A}\Delta\boldsymbol{\theta}\right] \tag{I.20}$$

这两种形式都是多元正态分布。由此，我们可以得到参数的（协）方差。

4. 参数的协方差

多元正态分布（见第 4 部分的正态分布）的形式为

$$P \propto \exp\left[-\frac{1}{2}\Delta\boldsymbol{\theta}^{\mathrm{T}}\boldsymbol{C}^{-1}\Delta\boldsymbol{\theta}\right] \tag{I.21}$$

其中 $\boldsymbol{C}$ 为协方差矩阵

$$\boldsymbol{C} = E\left[(\Delta\boldsymbol{\theta})(\Delta\boldsymbol{\theta})^{\mathrm{T}}\right] \tag{I.22}$$

$$C_{kl} = \mathrm{Cov}(\Delta\theta_k, \Delta\theta_l) \tag{I.23}$$

与似然概率表达式（I.19）与式（I.20）进行对比，就可以找到协方差矩阵的表达式。用 S_0 估计 χ^2 的常见情形中：

$$\boldsymbol{C} = \boldsymbol{B}^{-1}; \quad \boldsymbol{B} \text{ 的定义见式}(I.18) \tag{I.24}$$

不确定度 $\boldsymbol{\Sigma}$ 已知的情形中，

$$\boldsymbol{C}' = (\boldsymbol{A}^{\mathrm{T}}\boldsymbol{\Sigma}^{-1}\boldsymbol{A})^{-1} \tag{I.25}$$

这些是主要结果。式（I.24）和式（I.25）的简化等式更实用。

为了简化表达式，不妨考虑数据点方差为 σ_i^2 并且数据点之间没有相关性的情况，这样就有 $\boldsymbol{\Sigma} = \mathrm{diag}(\sigma_i^2)$ 并且 $\boldsymbol{W} = \mathrm{cdiag}(\sigma_i^{-2})$。因此，协方差矩阵（I.24）简化为

$$\boldsymbol{C} = \boldsymbol{B}^{-1}, \quad B_{kl} = \frac{n-m}{S_0}\sum_i w_i A_{ik} A_{il} \tag{I.26}$$

式（I.25）简化为

$$\boldsymbol{C}' = \boldsymbol{B}'^{-1}, \quad B'_{kl} = \sum \sigma_i^{-2} A_{ik} A_{il} \tag{I.27}$$

令 $\theta_1 = a$，$\theta_2 = b$，$n \times 2$ 矩阵 $\boldsymbol{A}$ 的元素为

$$A_{i1} = x_i, \quad A_{i2} = 1 \tag{I.28}$$

由这些等式很容易得出 $f(x) = ax + b$ 线性回归参数的（协）方差等式（见第 7 章式（7.18）~式（7.20））。

举个例子，2×2 矩阵 $\boldsymbol{B}$ 的元素 B_{11}（I.26）可以记为

$$B_{11} = \frac{n-m}{S_0} \sum w_i x_i^2 = \frac{n-m}{S_0} \frac{1}{w} \langle x^2 \rangle \qquad (\mathrm{I}.29)$$

其中 w 为 w_i 的总和。推导的其他部分非常简单，留给读者去思考。

为什么椭球的投影 $\Delta\chi^2 = 1$ 可以给出一个参数的 s. d. ？

条件 $\Delta\chi^2 = 1$ 描述了 m 维参数空间中的一个曲面（椭球）。在图 7.5 中，椭圆 $\Delta\chi^2 = 1$ 的切线指出该图形在其中一个轴（例如 θ_1）上的投影落在 $\hat{\theta}_1 \pm \sigma_1$ 范围内。切线与椭圆的切点处，χ^2 关于所有其他参数 $\theta_2, \cdots, \theta_m$ 是最小的，即 χ^2 的梯度指向 θ_1 的方向，即

$$\mathbf{grad}\,\chi^2 = (a, 0, \cdots, 0)^{\mathrm{T}}$$

其中，a 是一个常数，由 $\Delta\chi^2 = \Delta\boldsymbol{\theta}^{\mathrm{T}} \boldsymbol{B} \Delta\boldsymbol{\theta} = 1$ 得到：因为[⊖]

$$\mathbf{grad}\,\chi^2 = 2\boldsymbol{B}\Delta\boldsymbol{\theta} \quad \Delta\boldsymbol{\theta}^{\mathrm{T}} \frac{1}{2}(a, 0, \cdots, 0)^{\mathrm{T}} = \frac{1}{2} a \Delta\theta_1 = 1$$

所以

$$\boldsymbol{B}\Delta\boldsymbol{\theta} = \frac{1}{2}(2/\Delta\theta_1, 0, \cdots, 0)^{\mathrm{T}}$$

且

$$\Delta\boldsymbol{\theta} = \boldsymbol{C}(1/\Delta\theta_1, 0, \cdots, 0)^{\mathrm{T}}, \Delta\theta_1 = \pm\sqrt{C_{11}} = \pm\sigma_1 \qquad (\mathrm{I}.30)$$

这就是我们想要证明的。[⊖]

非线性最小二乘拟合

如果函数 $f_i(\theta_1, \theta_2, \cdots, \theta_m)$ 不是关于所有参数都是线性的，但是 $S = (\boldsymbol{y} - \boldsymbol{f})^{\mathrm{T}} \boldsymbol{W}(\boldsymbol{y} - \boldsymbol{f})$ 有最小值 $S_0 = S(\hat{\boldsymbol{\theta}})$，则 $S(\boldsymbol{\theta})$ 可以在最小值处展开成具有零阶线性项的泰勒级数，如线性情形下的式（I.14）所示。根据 χ^2 的期望值（最小值等于 $n-m$）：

$$\hat{\chi}^2(\boldsymbol{\theta}) = \frac{n-m}{S_0} S(\boldsymbol{\theta}) = n - m + \Delta\boldsymbol{\theta}^{\mathrm{T}} \boldsymbol{B} \Delta\boldsymbol{\theta} + \cdots \qquad (\mathrm{I}.31)$$

对矩阵 $\boldsymbol{A}$ 重新定义：

⊖ $\boldsymbol{G}$ 是对称矩阵，二次型 $\frac{1}{2}\boldsymbol{x}^{\mathrm{T}} \boldsymbol{G}\boldsymbol{x}$ 的梯度等于 $\boldsymbol{G}\boldsymbol{x}$。

⊖ 证明可以在 Press 等（1992）中找到，见参考文献。

$$A_{ik} = \left(\frac{\partial f_i}{\partial \theta_k} \right)_{\theta} \tag{I.32}$$

所有参数的等式以及它们的（协）方差依然近似成立。$B = \dfrac{n-m}{S_0} A^{\mathrm{T}} WA$ 的逆依然（近似）等于参数的协方差矩阵。见 Press 等（1992）[一] 关于这一点的讨论。数据不相关的情况下，式（I.26）依然成立：

$$B_{kl} = \frac{n-m}{S_0} \sum_{i=1}^{n} w_i \frac{\partial f_i}{\partial \theta_k} \frac{\partial f_i}{\partial \theta_l} \tag{I.33}$$

协方差矩阵近似等于 B 的逆。

　　对于参数的非线性函数，似然函数只是近似等于多元正态分布。特别是分布的尾部可能有所不同，并且基于正态分布推导的置信限在分布的尾部可能是错误的。使用似然函数进行估计更准确。

$$p(\boldsymbol{\theta}) \propto \exp\left[-\frac{1}{2} \chi^2(\boldsymbol{\theta}) \right] \tag{I.34}$$

由于实际意义不是特别重要，关于这一点在此不再深入讨论。

⊖　见参考文献。

第 3 部分　Python 代码

本部分包含了用 Python 语言编写的程序、函数或代码。每个代码都在前文中有引用。

首先给出使用这些代码的一般说明。Python 是一种通用解释型语言，它的解释器适用于大多数平台（包括 Windows）。Python 是开源的，同时免费提供解释器。[一]本书中大部分应用程序使用的是强大的数值数组扩展 NumPy，它提供了线性代数、傅里叶变换和随机数方面的基本工具。[二]Python 最新的版本是 Python 3，但在编写 NumPy 时要求使用的是 Python 2.6 版本。此外，应用程序可能需要科学工具库 SciPy，而 SciPy 基于 NumPy。[三]导入 SciPy 意味着自动导入了 NumPy。

建议用户先下载 Python 2.6，然后下载 NumPy 最新的稳定版本，最后下载 SciPy。关于 Windows 用户的进一步说明见 www. hjcb. nl/python。

有几个绘图的选择，例如 Gnuplot. py[四]（基于 gnuplot 包[五]）或 rpy[六]（基于统计包 "R."[七]），还有很多。[八]如果用户很难选择，我们还有另一种方案就是绘图模块 plotsvg. py，使用起来很简单，可以从作者的网站上下载。[九]该模块的绘图例程生成 SVG 输出文件（可缩放矢量图形，一个 W3C 标准），可由支持 SVG 的浏览器查看。其中，Firefox，Opera 和 Google Chrome 浏览器（但不是 Internet Explorer）支持本地 SVG。虽然可以自定义绘图，但是很容易自动绘制函数、点和累积分布图。例如，以下代码自动显示了在概率标度下 200 个正态分布随机数的累积分布（正态分布在该概率标度下是一条直线）：

Python 代码 0.1　plotsvg 演示。

[一]　www. python. org。

[二]　www. scipy. org/numpy。

[三]　www. scipy. org/SciPy。

[四]　http://gnuplot-py. sourceforge. net/。

[五]　www. gnuplot. info/。

[六]　http://rpy. sourceforge. net/。

[七]　www. r-project. org/。

[八]　See http://wiki. python. org/moin/NumericAndScientific/Plotting。

[九]　www. hjcb. nl/python/。

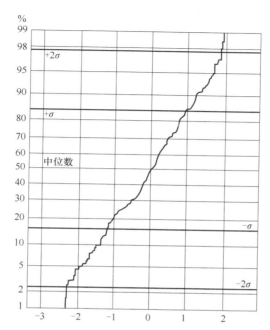

图 P.1 绘图演示：概率标度下，来自正态分布的
200 个随机样本的累积分布图

```
from scipy import *
from plotsvg import *
r=randn(200)
autoplotc(r,yscale='prob')
```

图 P.1 为演示结果。

说明：模块 plotsvg.py 定义了一个类 Figure ( )，包括 frame ( ) 定义的是一个带标题的框架，允许对数标度以及概率标度；plotp ( ) 绘制了一系列带或者不带连线以及误差棒的点；plotc ( ) 绘制累积分布；plotf ( ) 绘制的是函数和一些实用程序，如 addtext (和 addobject ( )；还有一些独立的快速绘图程序，如 autoplotp ( )。

从作者的网站上还可以下载另外一个模块 physcon.py。该模块中包含了大部分基本物理常数，比如 SI 值，是字典结构。此外，下列符号被定义为 SI 值（float）：alpha，a_0，c，e，eps_0，F，G，g_e，g_p，gamma_p，h，hbar，k_Bm_d，m_e，m_n，m_p，mu_B，mu_e，mu_N，mu_p，mu_0，N_A，R，sigma，u。

Python 代码 0.2　physcon 演示。

```
import physcon as pc
pc.help()
```

该命令列出了可用的函数、变量和关键词。

```
pc.descr('avogadro')
```

该命令描述了阿伏伽德罗常数：名称、符号、值、标准误差、相对 s.d.、单位和数据源。

```
N=pc.N_A
```

该命令对 N 赋值为 $6.02214179 \times 10^{23}$。

Python 代码 2.1　生成并绘制图 2.2。

```
from scipy import *
x = 8.5 + randn(30)
xr = x.sort().round(2)
from plotsvg import *
autoplotc(xr,title='Cumulative distribution')
autoplotc(xr,title='Cumulative distribution',\
          yscale='prob')
```

Python 代码 2.2　生成直方图 2.3。

```
from plotsvg import *
hisx = [6.5,7.5,8.5,9.5,10.5,11.5]
hisy = [1,7,8,10,2,2]
f = Figure()
f.frame([6,12],title='Histogram')
f.plotp([hisx,hisy],symbol='halfbar',\
    symbolfill=Darkgrey,symbolstroke=Black)
f.show()
```

Python 代码 2.3　一些数组方法和函数

```
from scipy import *
n=alen(x)        # 数组x的长度赋值给n
m=x.mean()       # x的均值赋值给m
msd=x.var()      # x的均方偏差赋值给msd
rmsd=x.std()     # x的均方根偏差赋值给rmsd
```

Python 代码 2.4　生成给定数据集的百分位数

```
from scipy import *
from scipy import stats
def percentiles(x, per=[1,5,10,25,50,75,90,95,99]):
# x = 1D数组
# per = 百分比列表
    scores=zeros(len(per),dtype=float)
    i=0
    for p in per:
        scores[i]=stats.scoreatpercentile(x,p)
        i++
    return scores
```

说明：scipy. stats 函数 scoreatpercentile（x，p）给出了第 p 百分位数，即大于等于 $p\%$ 且小于等于（$100-p$）$\%$ 的数据。如果不是单值，则用线性插值。

Python 代码 2.5　对数标度下绘图

```
from plotsvg import *
time=[20.,40.,60.,80.,100.,120.,140.,160.,180.]
conc=[75.,43.,26.,16.,10.,5.,3.5,1.8,1.6]
err=[4.,3.,3.,3.,2.,2.,1.,1.,1.]
f=Figure()
f.frame([[0,200],[1,100]],xlabel='time <i>t</>/s',\
    ylabel='concentration <i>c</i>/mmol L<sup>-1\
    </sup>', yscale='log')
f.plotp([time,conc],ybars=err)
f.show()
```

说明：这段代码生成图 2.7，用到模块 plotsvg 可以从作者的网站 www. hjcb. nl/python/下载。合适的浏览器可以生成并显示 SVG 文件（Firefox，Opera，Google Chrome，但是 Internet Explorer 不行）。

Python 代码 3.1　蒙特卡罗方法生成平衡常数

```
from scipy import *
from plotsvg import *
def Keq(a,b,V1,V2,x):          # 平衡常数的定义
    V=V1+V2
    K=x/((a/V-x)*(b/V-x))*1000. # 换算成 L/mol
```

161

```
       return K
n=1000                                  # 设定样本容量
a0=5.0; a=a0+randn(n)*0.2               # mmol
b0=10.0; b=b0+randn(n)*0.2              # mmol
V10=0.1; V1=V10+randn(n)*0.001          # L
V20=0.1; V2=V20+randn(n)*0.001          # L
x0=5.0; x=x0+randn(n)*0.35              # mmol/L
K=Keq(a,b,V1,V2,x)                      # L/mol（K值数组）
K0=Keq(a0,b0,V10,V20,x0)                # L/mol（中心值K）
print 'K from values without noise = %g' % (K0)
print 'number of samples = %d' % (n)
print 'average and std of K = %g +/- %g' %\
    (K.mean(), K.std())
```

生成图 3.1

```
f=Figure()
f.size=[5500,6400]
f.frame([[4.,7.5],[0,100]],title='Equilibrium\
    constant', yscale='prob',\
    xlabel='<i>K</i><sub>eq</sub>/L mol<sup>-1\
    </sup>', ylabel='cumulative probability\
    distribution')
f.plotc(K)
f.show()
```

Python 代码 4.1   生成二项函数的图 4.1~图 4.3。

```
from scipy import *
from scipy import stats
```

10 次硬币抛掷中有 k 次"人头"向上的概率：

```
def fun1(k): return stats.binom.pmf(k,10,0.5)
```

60 次投掷骰子中出现 k 次"6 点"的概率：

```
def fun2(k): return stats.binom.pmf(k,60,1./6.)
```

25 张齐纳卡片中猜对 k 次以上的概率：

```
def fun3(k): return stats.binom.sf(k,25,0.2)
```

生成图 4.1：

```
from plotsvg import *
x1=arange(11); y1=fun1(x1)
```

```
f=Figure()
f.frame([[-1,11],[-0.02,0.27]],\
    title="Binomial 10 coin tosses",\
    xlabel="nr of heads", ylabel="probability")
f.plotp([x1,y1], symbol='halfbar',\
    symbolstroke=Black, symbolfill=Darkgrey)
f.show()
```

生成图 4.2：

```
x2=arange(27); y2=fun2(x2)
f=Figure()
f.frame([[-1,26],[-0.01,0.15]],\
    title="Binomial 60 dice throws",\
    xlabel="nr of 6's", ylabel="probability")
f.plotp([x2,y2],symbol='halfbar',\
    symbolstroke=Black,symbolfill=Darkgrey)
f.show()
```

生成图 4.3：

```
x3=arange(16); y3=fun3(x3)
f=Figure()
f.frame([[0,12],[0,1]],\
    title="Binomial 25 Zener cards",\
    xlabel="nr correct", ylabel="survival\
    (1 - c.d.f.)")
f.plotp([x3,y3],symbol='dot',lines=Black)
f.show()
```

Python 代码 4.2　生成韦布尔分布函数

```
from scipy import stats
pdf=stats.weibull_min.pdf
cdf=stats.weibull_min.cdf
def f1(t):
    if (t<0.001):
        return None
    else: return pdf(t,0.5)
def g1(t): return cdf(t,0.5)
def f2(t): return pdf(t,1.)
def g2(t): return cdf(t,1.)
```

说明：Scipy 模块 stats 包含大量分布函数。c 小于 0 时，pdf 在 $t=0$ 处无穷大，应该排除。pdf f_1，f_2 以及 cdf g_1，g_2 适合绘图。

Python 代码 5.1　Bootstrap 方法：从随机样本中生成平均值

```
def bootstrap(x,n,dof=0):
# x = 输入样本的1D数组
# n = 生成平均值的nr
# dof = 自由度的nr.
# 如果没有定义，dof=len(x)，返回1D平均值数组
    from scipy import stats
    nx=len(x)
    if (dof==0): nu=nx
    else: nu=dof
    result=zeros(n,dtype=float)
    for i in range(n):
        index=stats.randint.rvs(0,nx,size=nu)
        result[i]=x[index].mean()
    return result
```

说明：SciPy 模块 stats 的函数 randint. rvs（min，max，size = n）生成由 n 个 >=min 且 <=max 随机整数构成的数组。

x[index] 生成 x[i] 值构成的数组，其中 i 为整数数组 index 的所有值。

如果 dof 没有定义，则取平均值的元素个数与输入数组 x 相同；产生的是有偏 Bootstrap 分布。令 dof 等于 x 的长度减去 1，就可以近似无偏分布。

Python 代码 5.2　Report：独立数据集的分析程序

```
from scipy import *
from plotsvg import *
def report(data,figures=True):
    '''
功能：报告不相关数据序列的统计量
--------------------------------------------------
参数：
----------------
    data:          数据的列表或数组[y] 或者[x,y]或者[x,y,sig];
                     if [y] then x=arange(len(y))
                   sig = y值的sd；如果给出sig，报告卡方检验，如果没
                   给出sig，则假设权值相等figures=True如果为真，
                   生成并显示图形
```

返回：　　　　　　　　　　[[mean,sdmean,var,sd],[a,siga,b,
　　　　　　　　　　　　　sigb]]（拟合 ax+b）

注：

报告性质（平均值、msd、rmsd）以及估计（均值、方差、sd、偏差、超量），

还有它们的精度（仅当相关时考虑偏度和超量）。生成图形：

figdata.svg：带误差棒的数据点以及线性拟合；

figcum.svg：概率标度下的累积分布图。

判别异常值。如果给出了s.d. sig,则进行卡方分析。进行一次线性回归

偏离分析。

```
'''
    import os
    from scipy import stats
    # 统一数据结构：
    data=array(data)
    dimension=array(data).ndim
    weights=False
    if (dimension==1):
        n=len(data)
        xy=array([arange(n),data])
elif (dimension==2):
    n=len(data[0])
    if (len(data)==2):
        xy=array(data)
    elif (len(data)==3):
        xy=array(data[:2])
        weights=True
        w=1./array(data[2])**2
    else:
        print 'ERROR: wrong data length'
        print 'report aborted'
        return 0
else:
    print 'ERROR: wrong data dimension'
    print 'report aborted'
    return 0
# 计算性质
if weights:
    wtot=w.sum()
    xav=(xy[0]*w).sum()/wtot
    yav=(xy[1]*w).sum()/wtot
else:
    wtot=float(n)
```

```
    xav=xy[0].mean()
    yav=xy[1].mean()
xdif=xy[0]-xav
ydif=xy[1]-yav
if weights:
    ssq=(w*ydif**2).sum()
else:
    ssq=(ydif**2).sum()
msd=ssq/wtot
rmsd=sqrt(msd)
var=msd*n/(n-1.)
sd=sqrt(var)
sdmean=sd/sqrt(n)
ymin=xy[1].min()
yminindex=xy[1].argmin()
ymax=xy[1].max()
ymaxindex=xy[1].argmax()
# 线性回归:
if weights:
    xmsd=(w*xdif**2).sum()/wtot
    a=(xdif*ydif*w).sum()/wtot/xmsd
    b=yav-a*xav
    S=(w*((xy[1]-a*xy[0]-b)**2)).sum()
    siga=sqrt(S/(wtot*(n-2.)*xmsd))
    sigb=siga*sqrt((w*(xy[0]**2)).sum()/wtot)
else:
    xmsd=(xdif**2).mean()
    a=(xdif*ydif).mean()/xmsd
    b=yav-a*xav
    S=((xy[1]-a*xy[0]-b)**2).sum()
    siga=sqrt(S/(n*(n-2.)*xmsd))
    sigb=siga*sqrt((xy[0]**2).mean())
# 生成图形
if figures:
    def fun0(x): return yav
    def fun1(x): return yav-sd
    def fun2(x): return yav+sd
    def fun3(x): return yav-2.*sd
    def fun4(x): return yav+2.*sd
    def fun5(x): return a*x+b
    f=Figure()
    f.frame([[xy[0,0],xy[0,-1]],[ymin,ymax]],\
            title='input data')
```

```
f.plotf(fun0,color=Red)
f.plotf(fun1,color=Red)
f.plotf(fun2,color=Red)
f.plotf(fun3,color=Red)
f.plotf(fun4,color=Red)
f.plotf(fun5,color=Green)
if weights:
    f.plotp(xy,ybars=data[2],symbolfill=\
            Blue, barcolor=Blue)
else:
    f.plotp(xy,lines=Blue,symbol='')
f.addtext([890,4140],\
    '<small>red lines: mean, &#177; &#963;,\
    &#177; 2&#963; </small>',fill=Red)
f.addtext([4890,4140],\
    '<small>green line: linear\
      regression</small>', align='r',\
      fill=Green)
f.show(filename='figdata.svg')
os.startfile('figdata.svg')
print 'figdata.svg is now displayed by\
      your browser'
    f=Figure()
    f.size=[5500,6400]
    f.frame([[(1.1*ymin-0.1*ymax),(-0.1*ymin\
            +1.1*ymax)],\
            [0,100]], title='cum.distribution\
            of data', yscale='prob')
    f.plotc(xy[1])
    f.show(filename='figcum.svg')
    os.startfile('figcum.svg')
    print 'figcum.svg is now displayed by your\
            browser'
print '\nStatistical report on uncorrelated\
      data series'
print '\nProperties:'
print 'nr of elem. = %5d' % n
print 'average    = %10.6g' % (yav)
print 'msd        = %10.6g' % (msd)
print 'rmsd       = %10.6g' % (rmsd)
print '\nEstimates'
print 'mean       = %10.6g +/- %8.4g' % (yav,\
    sdmean)
```

```
if weights: print '*)'
print '\nvariance    = %10.6g +/- %8.4g' %\
    (var, var*sqrt(2./(n-1.)))
print 'st. dev     = %10.6g +/- %8.4g' %\
    (sd, sd/sqrt(2.*(n-1.)))
if weights:
    print '*) this standard uncertainty in the
            mean is\
        derived from the data variance'
    print "   derived from the supplied sigma's
        it is", "%8.4g" % (wtot**(-0.5))
    print '  Choose the more reliable, or else\
        the larger value.'
    print '   See also the chi-square analysis\
        below.'
# 仅当 weights=False 时的偏度和超量
if not weights:
    if (n>=20):
        skew=(xy[1]**3).sum()/(n*var*sd)
        print 'skewness    = %10.6g +/- %8.4g'\
            % (skew, sqrt(15./n))
    else: print 'skewness: insufficient\
    statistics'
    if (n>=100):
        exc=(xy[1]**4).sum()/(n*var*var)-3.
        print 'excess      = %10.6g +/- %8.4g'\
            % (exc, sqrt(96./n))
    else: print 'excess: insufficient\
    statistics'
# 异常值及其概率
ydevmax=(ymax-yav)/sd
ydevmin=(yav-ymin)/sd
Fmax=stats.norm.cdf(-ydevmax)
probmax=100.*(1.-(1.-Fmax)**n)
Fmin=stats.norm.cdf(-ydevmin)
probmin=100.*(1.-(1.-Fmin)**n)
print '\nPossible outliers:',
if ((probmax>5.) and (probmin>5.)):
    print '  (there are no significant\
    outliers with p<5%)'
else:
    print '(there are significant outliers\
    with p<5%)'
```

```
print 'largest element y[%d]=%10.6g deviates\
    +%5.2g stand.',\
        'dev. from mean'  % (ymaxindex,ymax,\
        ydevmax)
print 'prob. to obtain a higher value at least\
    once is',\
        '%4.3g %%' % (probmax)
print 'smallest element y[%d]=%10.6g deviates\
    -%5.2g stand.',\
        'dev from mean' % (yminindex,ymin,\
        ydevmin)
print 'prob. to obtain a lower value at least\
once is',\
        '%4.3g %%' % (probmin)
# 如果weight=True时的卡方分析：
if weights:
    nu=n-1
    F=stats.chi2.cdf(S,nu)
    print '\nChi-square analysis:'
    print 'chi^2 (sum of weighted square dev.)\
        = %10.6g' % (ssq)
    print 'cum. prob. for chi^2 = %5.3g %%' %\
        (100.*F)
    if (F<.1):
        print "chi^2 is low! Did you\
                overestimate the\
                supplied sigma's?"
        print 'Or did you fit the original\
                data too closely\
                with too many parameters?'
    elif (F>.9):
        print "chi^2 is high! Did you neglect\
                an error source\
                in the supplied sigma's?"
        print 'Or did the data result from a\
                bad fitting procedure?'
    else:
        print 'cum. probab. of chi^2 is\
                reasonable (between\
                10% and 90%).'
        print "The spread in the data agrees\
                with the supplied sigma's."
```

```
#  偏离显著性
print '\nLinear regression: y=a*x+b'
print 'a=%10.6g +/- %10.6g; b=%10.6g +/-\
       %10.6g' % (a,siga,b,sigb)
Pdrift=2.*(1.-stats.norm.cdf(abs(a)/siga))
print '\nNormal test on significance of\
       slope a'
print 'Probability to obtain at least this\
       drift by random\
       fluctuation is %8.3g %%' %\
       (100.*Pdrift)
print '\nF-test on significance of linear\
       regression:'
print 'sum of square deviations reduced from\
       %7.5g to %7.5g'\
       % (ssq,S)
ypred=a*xy[0]+b
ypmean=ypred.mean()
if weights:
    SSR=(w*(ypred-ypmean)**2).sum()
else:
    SSR=((ypred-ypmean)**2).sum()
Fratio=SSR/(S/(n-1))
Fcum=stats.f.cdf(Fratio,1,n-1)
print 'The F-ratio SSR/(SSE/(n-1)) = %7.3g' %\
       (Fratio)
print 'The cum. prob. of the F-distribution is\
       %8.5g' % (Fcum)
print 'Probability to obtain this fit (or\
       better) by random',\
       'fluctuation is %8.3g %%' % (100.*\
       (1.-Fcum))
if ((Fcum>0.9) and (Pdrift<0.1)):
    print '\nThere is a significant drift (90%\
           conf. level)'
else:
    print '\nThere is no significant drift\
           (90% conf. level)'
print
return [[yav,sdmean,var,sd],[a,siga,b,sigb]]
```

说明：可以在 www. hjcb. nl/python 下载该程序，查找最新更新。标准浏览器可以自动生成并显示两个图形。确保 .svg mime 类型启动支持 SVG 的浏览器。

Python 代码 6. 1　　数据点的若干谐波拟合

```
from scipy import optimize
# 来自罗盘校正的数据:
x=arange(0.,365.,15.)
y=array([-1.5,-0.5,0.,0.,0.,-0.5,-1.,-2.,-3.,-2.5,\
        -2.,-1.,0., 0.5,1.5,2.5,2.0,2.5,1.5,0.,\
        -0.5,-2.,-2.5,-2.,-1.5])
def fitfun(x,p):
    phi=x*pi/180.
    result=p[0]
    for i in range(1,5,1):
        result=result+p[2*i-1]*sin(i*phi)+p[2*i]\
        *cos(i*phi)
    return result                     # 结果是像x这样的数组
def residuals(p): return y-fitfun(x,p)
pin=[0.]*9                            # 初始参数估计
output=optimize.leastsq(residuals,pin)
pout=output[0]                        # 最优参数
def fun(x): return fitfun(x,pout)  # 适用于绘图
```

说明：虽然这里的优化问题是线性的，但是简单起见，用的是一般最小二乘优化。拟合函数为 $p_0+p_1\sin\phi+p_2\cos\phi+p_3\sin2\phi+p_4\cos2\phi+p_5\sin3\phi+p_6\cos3\phi+p_7\sin4\phi+p_8\cos4\phi$ 考虑到校准的不准确性，仍然用高次谐波拟合有些过度。因此，用的是 SciPy 包 optimize 的最小化函数 leastsq。

Python 代码 7. 1　　非线性最小二乘拟合，脲酶动力学

```
from scipy import optimize
S = array([30.,60.,100.,150.,250.,400.])
v = array([3.09,5.52,7.59,8.72,10.69,12.34])
```

A. 运用 leastsq 的最小化

```
lsq = optimize.leastsq
def residuals(p):
    [vmax,Km]=p
    return v-vmax*S/(Km+S)
output = lsq(residuals,[15,105])
pout = output[0]
```

B. 运用 `fmin_ powell` 的最小化

```
def fun(S,p):
    [vmax,Km]=p
    return vmax*S/(Km+S)
def SSQ(p): return ((v-fun(S,p))**2).sum()
pin = [15,105]
pout = optimize.fmin_powell(SSQ,pin)
```

说明：函数 leastsq 要求用一个残差数组作为函数的输入参数，并最小化残差数组的平方和。函数 fmin_ powell 调用 fun 中的参数使得 SSQ 最小，返回一个新的参数 pout。可能会将新参数作为输入重复执行最后一行命令。这些最小化过程用不到任何导数。用命令 print SSQ（pout）检验 SSQ。本例中，方法 A 比方法 B 得到的结果更精确。

Python 代码 7.2　　生成给定 χ^2 的累积分布

```
from scipy import stats
cdf=stats.chi2.cdf
ppf=stats.chi2.ppf
```

说明：函数 $cdf(x,\nu)$ 给出了 χ^2（即，ν 个来自正态分布随机样本的平方和）小于或等于 x 的概率。例如自由度为 15，求 $\chi^2 \leqslant 10.5$ 概率的命令为

```
print cdf(10.5,15)
```

求 $\chi^2 \geqslant 18.3$ 概率的命令为

```
1.-cdf(18.3,15)
```

15 个平方和不超过 χ^2 的概率为 1%，2%，5%，10%，求这个 χ^2 值的命令为

```
ppf(array([1.,2.,5.,10.])*0.01,15)
```

15 个平方和超过 χ^2 的概率为 1%，2%，5%，10%，求这个 χ^2 值的命令为

```
ppf(array([99.,98.,95.,90.])*0.01,15).
```

Python 代码 7.3　　生成并画出二维函数的等值线

```
from scipy import *
from scipy import optimize
def contour(fxy,z,xycenter,xyscale=[1.,1.],\
    radius=0.05,nmax=500):
```

```
#   构造等值线
#   输入：
#     fxy(x,y): 定义函数；
#     z:水平
#     xycenter: 等值线内的点 [xc,yc]
#     xyscale:  近似坐标范围 [xscale,yscale]
#     radius:   以坐标范围为单位的圆半径
#     nmax:     最大点数（用于开放等值线）
      from scipy import optimize
      x0=xycenter[0]; y0=xycenter[1]
      xscale=xyscale[0]; yscale=xyscale[1]
def funx(x):
      return fxy(x,y0)-z
def funphi(phi):
      # 用xa,xb; dxs,dys（按比例）
      sinphi=sin(phi); cosphi=cos(phi)
      x=xa+(dxs*cosphi+dys*sinphi)*xscale
      y=ya+(-dxs*sinphi+dys*cosphi)*yscale
      return fxy(x,y)-z
# 求x轴上的第一个点
xx=optimize.brentq(funx,x0,x0+5.*xscale)
xlist=[xx]; ylist=[y0]
# 求第二个点
dxs=radius; dys=0.
xa=xx; ya=y0
phi=optimize.brentq(funphi,-pi,0.)
sinphi=sin(phi); cosphi=cos(phi)
xb=xa+(dxs*cosphi+dys*sinphi)*xscale
yb=ya+(-dxs*sinphi+dys*cosphi)*yscale
xlist += [xb]; ylist += [yb]
# 求下一个点
radsq=radius*radius
dsq=4.*radsq
n=0
while (dsq>radsq) and (n<nmax):
      n +=1
      dxs=(xb-xa)/xscale
      dys=(yb-ya)/yscale
      xa=xb; ya=yb
      phi=optimize.brentq(funphi,-0.5*pi,0.5*pi)
      sinphi=sin(phi); cosphi=cos(phi)
```

173

```
        xb=xa+(dxs*cosphi+dys*sinphi)*xscale
        yb=ya+(-dxs*sinphi+dys*cosphi)*yscale
        xlist += [xb]; ylist += [yb]} \\
        dsq=((xb-xx)/xscale)**2+((yb-y0)/yscale)**2
xlist += [xx]; ylist += [y0]
data=array([xlist,ylist])
return data
```

说明：函数沿着等值线 $f(x,y) = z$ 生成一个坐标值数组 $[x,y]$。其中 $f(x,y)$ 为一个预定义函数，z 是指定水平，用直线段将点连接起来就可以画出这个数组，例如：

```
autoplotp(data,symbol='',lines=Black)
```

点的生成如下。第一个点位于平行于 x 轴的直线上，从点 $[xc, yc]$ 开始，沿正方向搜索。因此输入点 $[xc, yc]$ 应该位于等值线内。第二个点在围绕第一个点以 radius 为半径的半圆（正 y）等值线上搜索。接下来的点在围绕上一个点的半圆等值线上沿前进方向搜索。因此，radius 为相继两个点之间的距离，确定了图形的分辨率。为了使点分布均匀，按比例缩放 x，y 坐标搜索。输入 xyscale 用于缩放：x 值除以 $xyscale[0]$，y 值除以 $xyscale[1]$。绘图标尺的总宽度可以用于 xyscale，但是这不重要。默认半径为 0.05，表示点之间的距离为绘图大小的 5%。可选参数 nmax 用来限制等值线上生成点的个数，避免沿开放等值线无限搜索下去。如果闭合等值线出现不完整的情况，可以增大 nmax 或者 radius。

Python 代码 7.4 脲酶动力学的例子中，生成一个 $\Delta\chi^2 = 1$ 的等值线并得出不确定度

从 Python 代码 7.1 开始运行，该代码定义了 SSQ(p)，$p[0] = v_{max}$；$p[1] = K_m$，pout = 最优参数值。

```
from scipy import *
from plotsvg import *
S0=SSQ(pout)
def fxy(x,y): return 4./S0*(SSQ([x,y])-S0)
data=contour(fxy,1.,pout,xyscale=[0.4,7.])
# 绘制等值线:
f=Figure()
```

```
f.frame([[15.25,16.25],[105,125]])
f.plotp(data,lines=Black,symbol='')
f.show()
# 由等值线得到sig1,sig2, rho:
sig1=0.5*(data[0].max()-data[0].min())
sig2=0.5*(data[1].max()-data[1].min())
ratio=(data[0,0]-pout[0])/sig1
rho=sqrt(1.-ratio**2)
print 'sigma1= %5.2f, sigma2=%5.2f, rho=%5.2f' %\
      (sig1,sig2,rho)
```

说明：函数 fxy 定义 $\Delta\chi^2$ 为参数的函数。函数 contour（见 Python 代码 7.3）中的输入 xyscale 取值为标准偏差估计。等值线数据数组 data 包括 122 个点；可以通过设置一个更小的半径提高分辨率。由等值线数据的极值可以得到标准不确定度；根据截距在标准偏差的 $\sqrt{1-\rho^2}$ 部分处的法则可知，由 x 截距 data[0, 0] 可以求出相关系数。

Python 代码 7.5　通过最小化生成协方差矩阵（脲酶动力学的例子）

从 Python 代码 7.1 开始运行，该代码定义了 residuals(p)，$SSQ(p)$，$p[0]=v_{max}$，$p[1]=K_m$。我们用全部输出重新进行最小化：

```
from scipy import optimize
lsq=optimize.leastsq
output = lsq(residuals,[15,105],full_output=1)
pout = output[0]
S0=SSQ(pout)
C=S0/(n-m)*output[1]
sig1=sqrt(C[0,0])
sig2=sqrt(C[1,1])
rho=C[0,1]/sig1/sig2
print 'sigma1= %5.2f, sigma2=%5.2f, rho=\%5.2f' %\
      (sig1,sig2,rho)
```

说明：例程 leastsq 有一个选项是全部输出，其中第二个元素为协方差矩阵 C，但是没有恰当的比例。只有当所有标准不确定度 σ_y 等于 1 时，输出矩阵才等于协方差矩阵。如果输出矩阵经过 $S_0/(n-m)$ 缩放就可以修正结果。

Python 代码 7.6　由 B 矩阵生成协方差矩阵（脲酶动力学的例子）

首先构造矩阵 B，给定函数 delchisq(p)：

```
from scipy import *
def matrixB(delchisq, delta):
# delchisq(delp) = chisq(p-p0)-chisq(p0)
# delta = 检验偏差数组
    m=len(delta)
    B=zeros((m,m))
    d=zeros(m)
    fun=zeros(m)
    if (abs(delchisq(d)) > 1.e-8):
        print 'definition delchisq incorrect'
    for i in range(m):
        di=delta[i]
        d[i]=di
        fun[i]=delchisq(d)
        B[i,i]=fun[i]/(di*di)
        for j in range(i):
            dj=delta[j]
            d[j]=dj
            funij=delchisq(d)
            B[j,i]=B[i,j]=0.5*(funij-fun[i]-\
            fun[j])/(di*dj)
            d[j]=0.
        d[i]=0.
    return B
```

从 Python 代码 7.1 开始运行，该代码定义了 residuals(p)，SSQ(p)，p[0]=v_{max}；p[1]=K_m，pout=最优参数值。首先构造 B，然后求 B 的逆并输出结果。

```
delta=array([0.2,3.5]) # delchisq = 1近处的位移

def delchisq(delp): return 4.*(SSQ(pout+delp)/
    S0-1.)
B=matrixB(delchisq,delta)
from numpy import linalg
C=linalg.inv(B)
sig1=sqrt(C[0,0])
```

```
sig2=sqrt(C[1,1])
rho=C[0,1]/sig1/sig2
print 'sigma1=%5.2f, sigma2=%5.2f, rho=%5.2f' %\
     (sig1,sig2,rho)
```

说明：逐步通过 delta[i] 生成对角线元素以及以成对 delta[i]，delta[j] 生成非对角线元素实现 **B** 的构建。这个过程很简单，但如果包括了求逆的步骤就会更复杂。用 numpy 模块 linalg 中的例程 inv 就可以求出逆矩阵。

Python 代码 7.7　Fit：用预定义函数对独立数据集进行最小二乘拟合的报告程序

```
from scipy import *
from plotsvg import *
def fit(function,data,parin,figures=True):
    '''
```

功能:用 function(x,par) 对数据进行非线性最小二乘拟合

参数:

function	预定义 function(x,par)，其中 x=独立变量（称为数组 x=data[0]）；par 为参数列表，例如 [a,b]
data	列表（或者二维数组）[x,y] 或者 [x,y,sig]. sig 为 y 的标准偏差（如果已知）。如果 sig 给定，就用卡方检验；如果 sig 没有给定，假设权重相等
parin	参数初始值列表，例如 [0.,1.]
figures=True	如果 True，生成并显示两个图形

返回:　　　　　　　　　　[parout,sigma]（最终参数及其 s.d.）

注:加权平方偏差和 chisq=sum(((y-function(x))/sig)**2)[或者，如果 sig 没有给定，通过非线性 SciPy 例程 leastsq. 最小化 SSQ= sum(((y-function(x)))**2)，只需要函数值即可。最优拟合确定后，计算不确定度（s.d. 以及相关系数），包括全方差距阵。绘制拟合并生成残差。例如，用指数函数拟合数据 [x,y]，输出 sd sig.

```
>>>def f(x,par):
      [a,k,c]=par
      return a*exp(-k*x)+c
>>>[[a,k,b],[siga,sigk,sigc]]=fit(f,[x,y,sig],
[1.,0.1,0.])
```

```
'''
    import os
    from scipy import optimize,stats
    lsq=optimize.leastsq
    if (len(data)==2):
        weights=False
    elif (len(data)==3):
        weights=True
    else:
        print 'ERROR: data should contain 2 or\
                3 items'
        print 'fit aborted'
        return 0
    m=len(parin)
    x=array(data[0])
    n=len(x)
    y=array(data[1])
    if (len(y)!=n):
        print 'ERROR: x and y have unequal length'
        print 'fit aborted'
        return 0
    if weights:
        sig=array(data[2])
        if (len(sig)!=n):
            print 'ERROR: x and sig have unequal\
                    length'
            print 'fit aborted'
            return 0
        def residuals(p): return (y-\
            function(x,p))/sig
    else:
        def residuals(p): return (y-function(x,p))
    def SSQ(p): return (residuals(p)**2).sum()
    SSQ0=SSQ(parin)
    # 输出最小化结果:
    print '\n Report on least-squares parameter\
            fit'

    if weights:
        print 'chisq = sum of square reduced dev.\
                (y-f(x))/sig'
    else:
        print 'SSQ = sum of square deviations\
```

```
                        (y-f(x))'
print '\nnr of data points:        %5d' % (n)
print  'nr of parameters:          %5d' % (m)
print  'nr of degrees of freedom: %5d' % (n-m)
print '\nInitial values of parameters: '
print parin
if weights:
    print 'Initial chisq = %10.6g' % (SSQ0)
else:
    print 'Initial SSQ = %10.6g' % (SSQ0)
output=lsq(residuals,parin,full_output=1)
parout=output[0]
SSQout=SSQ(parout)
print 'Results after minimization:'
if weights:
    print 'Final chisq = %10.6g' % (SSQout)
else:
    print 'Final SSQ = %10.6g' % (SSQout)
print 'Final values of parameters'
print parout
# 协方差距阵 C
C=SSQout/(n-m)*output[1]
sigma=arange(m,dtype=float)
for i in range(m): sigma[i]=sqrt(C[i,i])
print 'Standard inaccuracies of parameters,:'
print sigma
print '\nMatrix of covariances'
print C
SR=zeros((m,m),dtype=float)
for i in range(m):
    SR[i,i]=sigma[i]
    for j in range(i+1,m):
        SR[j,i]=SR[i,j]=C[i,j]/(sigma[i]*
        sigma[j])
print '\nMatrix of sd (diagonal) and corr.
    coeff. (off-diag)'
print SR
# 卡方分析
if weights:
    nu=n-m
    F=stats.chi2.cdf(SSQout,nu)
    print '\nChi-square analysis:'
```

```
print 'chi^2 (sum of weighted square\
    deviations) =%10.6g' % (SSQout)
print 'cum. prob. for chi^2  = %5.3g %%' %\
    (100.*F)
if (F<.1):
    print "chi^2 is low! Did you\
        overestimate the supplied\
        sigma's?"
    print 'Or did you fit the original\
        data too closely with too many\
        parameters?'
elif (F>.9):
    print "chi^2 is high! Did you neglect\
        an error source in the supplied\
        sigma's?"
    print 'Or did the data result from a\
        bad fitting procedure?'
else:
    print 'cum. probab. of chi^2 is\
        reasonable (between 10% and 90%).'
    print "The spread in the data agrees\
        with the supplied sigma's"
#  生成两个图形 (数据和拟合曲线：残差)
if figures:
    xmin=x.min(); xmax=x.max()
    ymin=y.min(); ymax=y.max()
    if weights:
        maxsigy=sig.max()
        ymin=ymin-maxsigy
        ymax=ymax+maxsigy
    y1=1.05*ymin-0.05*ymax; y2=1.05*ymax
    -0.05*ymin
    f=Figure()
    f.frame([[xmin,xmax],[y1,y2]],title=\
        'Least-squares fit')
    if weights:
        f.plotp([x,y],symbolfill=Blue,ybars=\
            sig, barcolor=Blue)
    else:
        f.plotp([x,y],symbolfill=Blue)
    def fun(x): return function(x,parout)
    f.plotf(fun,color=Red)
```

```
        f.show(filename='figfit.svg')
        os.startfile('figfit.svg')
        print 'figfit.svg is now displayed by your\
            browser'
        residuals=y-fun(x)
        minres=residuals.min(); maxres=residuals.
        max()
        if weights:
            minres=minres-maxsigy
            maxres=maxres+maxsigy
        y1=1.05*minres-0.05*maxres; y2=1.05*maxres\
            -0.05*minres
        f=Figure()
        f.size=[5500,3400]
        f.frame([[xmin,xmax],[y1,y2]],
        title="residuals")
        if weights:
            f.plotp([x,residuals],symbolfill=Blue,\
            ybars=sig, barcolor=Blue)
        else:
            f.plotp([x,residuals],symbolfill=Blue)
        f.show(filename='figresiduals.svg')
        os.startfile('figresiduals.svg')
        print 'figresiduals.svg is now displayed\
            by your browser'
    return [parout,sigma]
```

说明：从 www. hjcb. nl/python 可以下载该程序，注意最新更新。用标准浏览器可以自动生成并显示两个图形。确保 . svg mime 文件类型可以启动支持 SVG 的浏览器。

Python 代码 7.8　计算各种平方偏差和并进行 *F* 检验（脲酶动力学的例子）

从 Python 代码 7. 1 以及代码 7. 5 开始运行，该代码定义了独立变量 S、非独立变量 v 以及最优参数输出。

```
y=S
def fun(x,p): return p[0]*x/(p[1]+x)
def ssq(x): return (x**2).sum()
f=fun(v,pout)
SST=ssq(y-y.mean())
SSR=ssq(f-f.mean())
```

```
SSE=ssq(y-f)
Fratio=SSR/(SSE/4.)
from scipy import stats
Fcum=stats.f.cdf(Fratio,1,4)
print 'SST=%7.3f SSR=%7.3f SSE=%7.3f' % (SST,SSR,\
    SSE)
print 'Fratio=%7.3f Fcum=%7.3f' % (Fratio,Fcum)
```

说明：函数 ssq（x）计算了一维数组 x 各元素的平方和。数组 f 给出了最优拟合函数值。SciPy 模块 stats 的函数 f.cdf（Fratio, nu1, nu2）给出了累积 F 分布。

Python 代码 E.1　生成 n 个均匀分布随机数之和的 pdf。

```
from scipy import fftpack
def symmetrize(x):  # x镜像相加
    n=alen(x)
    half=n/2
    for i in range(1,half): x[n-i] += x[i]
    return 1
def FT(Fx,delx):    # 生成对称Fx的实FT
    Gy=fftpack.fft(Fx).real*delx
    return Gy
def IFT(Gy,delx):   # 生成对称Gy的实逆FT
    Fx=fftpack.ifft(Gy).real/delx
    return Fx
n=10                    # 相加随机数的个数
a=sqrt(3./n)            # 随机数的范围为[-a,a]
nft=4096                # FT的数组程度
xm=50.                  # x标尺最大值
delx=2.*xm/nft          # Fx各点之间的增量delta x
dely=pi/xm              # Gy各点之间的增量delta y
ym=nft*dely/2.          # Y标尺最大值
Fx=zeros((nft),dtype=float)
# 设置矩形函数 Fx:
for i in range(int(a/delx)): Fx[i]=0.5/a
symmetrize(Fx)          # 使FT为实数
corr=1./Fx.sum()/delx   # 归一化处理
Fx=Fx*corr
Gy=FT(Fx,delx)          # 矩形函数的傅里叶变换
Gyn=Gy**n               # 10个矩形函数卷积的FT
Fxn=IFT(Gyn,delx)       # 逆FT给出卷积函数
```

```
m=4./delx                    # 关注的作图范围为 [-4,4]
yn=concatenate((Fxn[-m:],Fxn[:m]))
                             # yn 为输出
```

说明：本例计算的是 $n = 10$ 个来自区间 $[-a, a)$ 上均匀分布随机数和的概率密度函数，其中选择的 a 要使得和的结果方差等于 1。这种分布为 10 个矩形函数的卷积，用原始矩形函数 FTn 次幂的逆 FT 很容易就可以计算出来。在最后几行中，结果在关于 0 对称的更小范围。

Python 代码 G.1　用分块平均法确定均值的方差

```
def block(data,n):
# 分块平均数据中分块长度为n
# data: 输入 [x,y] (x,y: 长度相同的一维数组)
# n: 每个分块中点的个数
# 返回 x与y分块平均数组
    ntot=len(data[0])
    nnew=ntot/n
    x=zeros(nnew,dtype=float)
    y=zeros(nnew,dtype=float)
    for i in range(nnew):
        x[i]=sum(data[0][i*n:(i+1)*n])/float(n)
        y[i]=sum(data[1][i*n:(i+1)*n])/float(n)
    return [x,y][1ex]
def blockerror(data,blocksize=[10,20,40,60,80,100,\
  125]):
# 列出指定分块大小时的均值
# data: 输入 [x,y] (x,y: 长度相同的一维数组)
# blocksize: 分块平均独立的条件下，分块长度的列表
# 返回[blocksize, stderror, ybars]
# ybars 为 stderror不确定性的rms
    n=len(data[1])
    delt=(data[0][-1]-data[0][0])/float(n-1)
    xout=[]
    yout=[]
    ybars=[]
    for nb in blocksize:
        xyblock=block(data,nb)
        number = len(xyblock[1])
        std=xyblock[1].std()
        stderror = std/sqrt(number-1.)
```

183

```
      xout += [nb*delt]
      yout += [stderror]
      ybars += [stderror/sqrt(2.*(number-1.))]
   return [xout,yout,ybars]
```

说明：假设一组数据 data = [x, y]（x 和 y 为数组）。函数 block(data,n) 返回一组新的数据，该组数据由长度为 n 的分块的平均值组成。从第一个数据开始分块，如果数据点的个数不是分块长度的整数倍，则整数倍以后的点舍掉。函数 blockerror 对可选参数 blocksize 中的每个元素都调用了函数 block。对每个分块大小，计算均值的标准误差并且输出为 yout。输出值 xout 是以 x 为单位表示的分块大小。输出值 ybars 是在平均值个数有限的前提下 yout 的预期标准偏差，可以在输出数据图中画出误差棒。

第4部分 科学资料

1. χ^2 分布

平方和的概率分布

$x_1, x_2, \cdots, x_\nu$ 是独立的正态分布变量，并且有 $E(x_i) = 0$，$E(x_i^2) = 1$；ν = 自由度；$\chi^2 = \sum\limits_{i=1}^{\nu} x_i^2$。$\chi^2$ 的概率密度函数为

$$f(\chi^2 \mid \nu)\,\mathrm{d}\chi^2 = \left[2^{\nu/2}\Gamma\left(\frac{\nu}{2}\right) \right]^{-1} (\chi^2)^{\nu/2-1} \exp\left[-\chi^2/2 \right]\mathrm{d}\chi^2$$

$f(\chi^2 \mid \nu)$ 的矩

均值 $\qquad\qquad \mu = E(\chi^2) = \nu$

方差 $\qquad\qquad \sigma^2 = E\{(\chi^2 - \mu)^2\} = 2\nu$

偏度 $\qquad \gamma_1 = E\{(\chi^2 - \mu)^3/\sigma^3\} = \sqrt{8/n} = 2\sqrt{2/n}$

峰度 $\qquad \gamma_2 = E\{(\chi^2 - \mu)^4/\sigma^4 - 3\} = 12/\nu$

特例

ν	$f(\chi^2 \mid \nu)$
1	$(2\pi)^{-1/2}\chi^{-1}\exp(-\chi^2/2)$
2	$\dfrac{1}{2}\exp(-\chi^2/2)$
3	$(2\pi)^{-1/2}\chi\exp(-\chi^2/2)$
∞	$(4\pi\nu)^{-1/2}\exp\left[-(\chi^2-\nu)^2/(4\nu)\right]$
	$\mathrm{Var} = 2\nu$

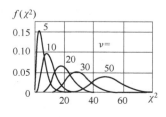

与泊松分布的关系（ν 是偶数）

$$1 - F(\chi^2 \mid \nu) = \sum_{j=0}^{c-1} e^{-m} m^j / j!$$

$$c = \frac{1}{2}\nu m = \frac{1}{2}\chi^2$$

累积 χ^2 分布

$F(\chi^2 \mid \nu) =$ 平方和 $< \chi^2$ 的概率：

$$F(\chi^2 \mid \nu) = \int_0^{\chi^2} f(S \mid \nu)\, \mathrm{d}S$$

见表 p. 2。

大于 χ^2 的概率为 $1 - F(\chi^2)$。

1%，10%，50%，90% 和 99% 对应的 χ^2 值

$F = \nu$	0.01	0.10	0.50	0.90	0.99
1	0.000	0.016	0.455	2.706	6.635
2	0.020	0.211	1.386	4.605	9.210
3	0.115	0.584	2.366	6.251	11.35
4	0.297	1.064	3.357	7.779	13.28
5	0.554	1.610	4.351	9.236	15.09
6	0.872	2.204	5.348	10.65	16.81
7	1.239	2.833	6.346	12.02	18.48
8	1.646	3.490	7.344	13.36	20.09
9	2.088	4.168	8.343	14.68	21.67
10	2.558	4.865	9.342	15.99	23.21
11	3.053	5.578	10.34	17.28	24.73
12	3.571	6.304	11.34	18.55	26.22
13	4.107	7.042	12.34	19.81	27.69
14	4.660	7.790	13.34	21.06	29.14
15	5.229	8.547	14.34	22.31	30.58

（续）

$F=\nu$	0.01	0.10	0.50	0.90	0.99
20	8.260	12.44	19.34	28.41	37.57
25	11.52	16.47	24.34	34.38	44.31
30	14.95	20.60	29.34	40.26	50.89
40	22.16	29.05	39.34	51.81	63.69
50	29.71	37.69	49.34	63.17	76.15
60	37.49	46.46	59.34	74.40	88.38
70	45.44	55.33	69.33	85.53	100.4
80	53.54	64.28	79.33	96.58	112.3
90	61.75	73.29	89.33	107.6	124.1
100	70.07	82.36	99.33	118.5	135.8
∞	$\nu-a$	$\nu-b$	ν	$\nu+b$	$\nu+a$
	$a=3.290\sqrt{\nu}$			$b=1.812\sqrt{\nu}$	

2. F 分布

F 分布的有关概念

变量的含义：F 比＝两组样本均方偏差的比

$$F_{\nu_1,\nu_2}=\frac{\mathrm{MSD}_1}{\mathrm{MSD}_2}=\frac{\sum(\Delta y_{1i})^2/\nu_1}{\sum(\Delta y_{2i})^2/\nu_2}$$

F 检验：两组样本来自方差相同的分布的（累积）概率。

概率密度函数：

$$f(F_{\nu_1,\nu_2})=\frac{\Gamma\left(\dfrac{\nu_1+\nu_2}{2}\right)}{\Gamma\left(\dfrac{\nu_1}{2}\right)\Gamma\left(\dfrac{\nu_1}{2}\right)}\nu_1^{\nu_1/2}\nu_2^{\nu_2/2}F^{(\nu_1-2)/2}(\nu_2+\nu_1F)^{-(\nu_1+\nu_2)/2}$$

累积分布函数：

$$F(F_{\nu_1, \nu_2}) = \int_{-\infty}^{F} f(F') \, dF'$$

$$1 - F(F_{\nu_1, \nu_2}) = \int_{F}^{\infty} f(F') \, dF'$$

均值：$m = \nu_2 / (\nu_2 - 2)$，$\nu_2 > 2$

方差：$\sigma^2 = 2\nu_2^2(\nu_1 + \nu_2 - 2) / [\nu_1(\nu_2 - 2)^2(\nu_2 - 4)]$，$\nu_2 > 4$

自反关系：

$$F(F_{\nu_1, \nu_2}) = 1 - F(1/F_{\nu_2, \nu_1})$$

例如，置信水平为 95%，$F_{10,5} = 4.74$；相应水平为 5%，$F_{5,10} = 1/4.74 = 0.21$。

因此，只需要给出 F 比大于 1 的表。

ANOVA（方差分析）**在回归中的应用**

给定：n 个数据 (x_i, y_i)，$i = 1, 2, \cdots, n$。通过线性回归，用 $f_i = ax_i + b$ 拟合。总平方偏差和 SST 可以分为 SSR（回归 SSQ，用模型解释）以及 SSE（残差）。$\nu = \mathrm{nr}$ 为自由度：

$$\mathrm{SST}(\nu = n - 1) = \mathrm{SSR}(\nu = 1) + \mathrm{SSE}(\nu = n - 2)$$

$$\mathrm{SST} = \sum (y_i - \langle y \rangle)^2; \quad \mathrm{SSR} = \sum (f_i - \langle y \rangle)^2; \quad \mathrm{SSE} = \sum (y_i - f_i)^2$$

用 $F_{1, n-2} = [\mathrm{SSR}/1] / [\mathrm{SSE}/(n-2)]$ 进行 F 检验。

注：m 个参数的回归，用 $F_{m-1, n-m} = [\mathrm{SSR}/(m-1)] / [\mathrm{SSE}/(n-m)]$ 进行 F 检验。

F 分布，95% 和 99% 百分数点

$$F(F_{\nu_1, \nu_2}) = 0.95$$

如果 $(\sum y_{1i}^2 / \nu_1) / (\sum y_{2i}^2 / \nu_2)$ 大于表中给出的 F 比 F_{ν_1, ν_2}，则 y 和 z 为来自方差相等分布的概率小于 5%。

ν_1 ν_2	1	2	3	4	5	7	10	20	50	∞
2	18.5	19.0	19.2	19.3	19.3	19.4	19.4	19.5	19.5	19.5
3	10.1	9.55	9.28	9.12	9.01	8.89	8.79	8.66	8.58	8.53

（续）

ν_1 ν_2	1	2	3	4	5	7	10	20	50	∞
4	7.71	6.94	6.59	6.39	6.26	6.09	5.96	5.80	5.70	5.63
5	6.61	5.79	5.41	5.19	5.05	4.88	4.74	4.56	4.44	4.36
7	5.59	4.74	4.35	4.12	3.97	3.79	3.64	3.44	3.32	3.23
10	4.96	4.10	3.71	3.48	3.33	3.14	2.98	2.77	2.64	2.54
20	4.35	3.49	3.10	2.87	2.71	2.51	2.35	2.12	1.97	1.84
50	4.03	3.18	2.79	2.56	2.40	2.20	2.03	1.78	1.60	1.44
∞	3.84	3.00	2.61	2.37	2.21	2.01	1.83	1.57	1.35	1.00

$$F(F_{\nu_1,\nu_2}) = 0.99$$

ν_1 ν_2	1	2	3	4	5	7	10	20	50	∞
2	98.5	99.0	99.2	99.3	99.3	99.4	99.4	99.5	99.5	99.5
3	34.1	30.8	29.5	28.7	28.2	27.7	27.2	26.7	26.4	26.1
4	21.2	18.0	16.7	16.0	15.5	15.0	14.6	14.0	13.7	13.5
5	16.3	13.3	12.1	11.4	11.0	10.5	10.1	9.55	9.24	9.02
7	12.3	9.55	8.45	7.85	7.46	6.99	6.62	6.16	5.86	5.65
10	10.0	7.56	6.55	5.99	5.64	5.20	4.85	4.41	4.12	3.91
20	8.10	5.85	4.94	4.43	4.10	3.70	3.37	2.94	2.64	2.42
50	7.17	5.06	4.20	3.72	3.41	3.02	2.70	2.27	1.95	1.68
∞	6.63	4.61	3.78	3.32	3.02	2.64	2.32	1.88	1.53	1.00

3. 最小二乘拟合

一般最小二乘拟合

加权平方偏差和

（1）数据不相关

给定 n 个测量值 $y_i, i=1,2,\cdots,n$，要确定 m 个参数 $\hat{\theta}_k, k=1,2,\cdots, m$，$m<n$；使得

$$S = \sum_{i=1}^{n} w_i (y_i - f_i)^2 \text{ 最小}$$

其中，$f_i(\theta_1, \theta_2, \cdots, \theta_m)$ 为参数的函数。最小值有 $S(\hat{\boldsymbol{\theta}}) = S_0$。$y_i$ 与 f_i 均可以表示一个或者多个独立变量的函数。

假设残差 $\varepsilon_i = y_i - f_i$ 是来自随机分布的样本，并且有 $E(\varepsilon_i) = 0$，$E(\varepsilon_i \varepsilon_j) = \sigma_i^2 \delta_{ij}$。权重因子应该与 σ_i^{-2} 成比例。

如果偏差的方差 σ_i 已知，可以用 $\chi_0^2 = \min \sum_{i=1}^{n} [(y_i - f_i)/\sigma_i]^2$ 来进行 χ^2 检验，自由度为 $\nu = n-m$。

（2）数据相关

$S = \sum_{i,j=1}^{n} w_{ij} (y_i - f_i)(y_j - f_j)$ 最小化，其中 $\varepsilon_i = y_i - f_i$ 是来自随机分布的样本，并且有 $E(\varepsilon_i) = 0$，$E(\varepsilon_i \varepsilon_j) = \boldsymbol{\Sigma}_{ij}$。$\boldsymbol{\Sigma}$ 是测量值的协方差矩阵。权重因子矩阵 $\boldsymbol{W}$，与 $\boldsymbol{\Sigma}^{-1}$ 成比例。

参数方差

$\boldsymbol{\theta}$ 的似然概率与 $\exp\left[-\dfrac{1}{2}\chi^2(\boldsymbol{\theta})\right]$ 成比例。因为 $E(\chi_0^2) = n-m$，对 S 进行缩放就可以得到 $\chi^2(\boldsymbol{\theta})$ 的估计：$\hat{\chi}^2(\boldsymbol{\theta}) = (n-m)S(\boldsymbol{\theta})/S_0 = n - m + (\Delta\boldsymbol{\theta})^{\mathrm{T}} \boldsymbol{B}\Delta\boldsymbol{\theta}$，其中 $\Delta\boldsymbol{\theta} = \boldsymbol{\theta} - \hat{\boldsymbol{\theta}}$。

参数协方差矩阵期望 $\boldsymbol{C} = E\left[(\Delta\boldsymbol{\theta})(\Delta\boldsymbol{\theta})^{\mathrm{T}}\right]$ 为

$$\boldsymbol{C} = \boldsymbol{B}^{-1}$$

$$\sigma_k = \sqrt{C_{kk}}, \rho_{kl} = C_{kl}/(\sigma_k \sigma_l)$$

关于参数是线性的

如果函数 f_i 关于 $\boldsymbol{\theta}$ 是线性的：

$$f_i(\theta) = \sum_k A_{ik}\theta_k \; ; \boldsymbol{f} = \boldsymbol{A}\boldsymbol{\theta} \; (\text{通常 } A_{ik} = \partial f_i/\partial \theta_k)$$

$$\boxed{S = (\boldsymbol{y} - \boldsymbol{f})^{\mathrm{T}}\boldsymbol{W}(\boldsymbol{y} - \boldsymbol{f}) \text{ 最小}}$$

$$\boxed{\hat{\boldsymbol{\theta}} = (\boldsymbol{A}^{\mathrm{T}}\boldsymbol{W}\boldsymbol{A})^{-1}\boldsymbol{A}^{\mathrm{T}}\boldsymbol{W}\boldsymbol{y}}$$

其中 $W_{ik} \propto \sigma_i^{-2}\delta_{ij}$（数据不相关）。

$$S(\hat{\boldsymbol{\theta}}) = S_0$$

参数协方差矩阵期望 $\boldsymbol{C} = E\big[(\Delta\boldsymbol{\theta})(\Delta\boldsymbol{\theta})^{\mathrm{T}}\big]$ 为

$$\boxed{\boldsymbol{C} = \big[S_0/(n-m)\big](\boldsymbol{A}^{\mathrm{T}}\boldsymbol{W}\boldsymbol{A})^{-1}}$$

特例：线性函数

$f_i = f(x_i) = ax_i + b$（a 和 b 是参数）：

$$\boxed{a = \langle(\Delta x)(\Delta y)\rangle/\langle(\Delta x)^2\rangle, b = \langle y\rangle - a\langle x\rangle}$$

这里 $\langle\rangle$ 表示加权平均，例如：

$$\langle\xi\rangle = (1/w)\sum_{i=1}^n w_i\xi_i, w = \sum_{i=1}^n w_i$$

$$\Delta x = x - \langle x\rangle, \Delta y = y - \langle y\rangle$$

a 和 b 的（协）方差期望

$$E\big[(\Delta a)^2\big] = \sigma_a^2 = S_0/\big[n(n-2)\langle(\Delta x)^2\rangle\big]$$

$$E\big[(\Delta b)^2\big] = \sigma_b^2 = \langle x^2\rangle\sigma_a^2$$

$$E(\Delta a\Delta b) = -\langle x\rangle\sigma_a^2; \rho_{ab} = -\langle x\rangle\sigma_a/\sigma_b$$

注意：如果 $\langle x\rangle = 0$，则 a 和 b 是不相关的。

x 与 y 的相关系数：

$$\boxed{r = \frac{\langle(\Delta x)(\Delta y)\rangle}{\sqrt{\langle(\Delta x)^2\rangle}\sqrt{\langle(\Delta y)^2\rangle}} = a\left(\frac{\langle(\Delta x)^2\rangle}{\langle(\Delta y)^2\rangle}\right)^{1/2}}$$

4. 正态分布（高斯分布）

一维高斯函数

概率密度函数：

$$f(x)\,dx = (\sigma\sqrt{2\pi})^{-1}\exp[-(x-\mu)^2/(2\sigma^2)]\,dx$$

$\mu=$ 均值

$\sigma^2=$ 方差

$\sigma=$ 标准偏差

标准正态分布：

$$f(z)=(1/\sqrt{2\pi})\exp(-z^2/2)$$

$$z=(x-\mu)/\sigma$$

特征函数： $\Phi(t)=\exp\left(-\dfrac{1}{2}\sigma^2 t^2\right)\exp(\mathrm{i}\mu t)$

中心矩： $\mu_n = \displaystyle\int_{-\infty}^{+\infty}(x-\mu)^n f(x)\,dx$

当 m 是奇数时，$\mu_m=0$，$\mu_{2n}=\sigma^{2n}\times 1\times 3\times 5\times(2n-1)$

$$\mu_2=\sigma^2,\quad \mu_4=3\sigma^4,\quad \mu_6=15\sigma^6,\quad \mu_8=105\sigma^8$$

偏度 $=0$，峰度 $=0$

累积分布函数：

$$F(x)=\int_{-\infty}^{x}f(x')\,dx'=\frac{1}{2}\left[1+\mathrm{erf}(x/\sigma\sqrt{2})\right]$$

$$1-F(x)=F(-x)=\int_{x}^{\infty}f(x')\,dx'=\frac{1}{2}\mathrm{erfc}(x/\sigma\sqrt{2})$$

z	$f(z)$	$F(-z)$	z	$f(z)$	$F(-z)$
0.0	0.3989	0.5000	1.4	1.497e-01	8.076e-02
0.1	0.3970	0.4602	1.6	1.109e-01	5.480e-02
0.2	0.3910	0.4207	1.8	7.895e-02	3.593e-02

（续）

z	$f(z)$	$F(-z)$	z	$f(z)$	$F(-z)$
0.3	0.3814	0.3821	2.0	5.399e-02	2.275e-02
0.4	0.3683	0.3446	2.5	1.753e-02	6.210e-03
0.5	0.3521	0.3085	3.0	4.432e-03	1.350e-03
0.6	0.3332	0.2743	3.5	8.727e-04	2.326e-04
0.7	0.3123	0.2420	4.0	1.338e-04	3.167e-05
0.8	0.2897	0.2119	5.0	1.487e-06	2.866e-07
0.9	0.2661	0.1841	7.0	9.135e-12	1.280e-12
1.0	0.2420	0.1587	10	7.695e-23	7.620e-24
1.2	0.1942	0.1151	15	5.531e-50	3.671e-51

z 很大时，有

$$F(-z) = 1 - F(z) \approx \frac{f(z)}{z}\left(1 - \frac{1}{z^2+2} + \cdots\right)$$

多元高斯函数

一般 n 维形式：

$$f(\boldsymbol{x})\,\mathrm{d}\boldsymbol{x} = (2\pi)^{-n/2}(\det \boldsymbol{W})^{1/2}\exp\left[-\frac{1}{2}(\boldsymbol{x}-\boldsymbol{\mu})^{\mathrm{T}}\boldsymbol{W}(\boldsymbol{x}-\boldsymbol{\mu})\right]\mathrm{d}\boldsymbol{x}$$

其中 $\boldsymbol{W}$ 为权重矩阵，$\boldsymbol{W} = \boldsymbol{C}^{-1}$。$\boldsymbol{C}$ 是协方差矩阵，其表达式为

$$\boldsymbol{C} \overset{\text{def}}{=} E\left[(\boldsymbol{x}-\boldsymbol{\mu})(\boldsymbol{x}-\boldsymbol{\mu})^{\mathrm{T}}\right]$$

二元正态分布：

$$\boldsymbol{C} = \begin{pmatrix} \sigma_x^2 & \rho\sigma_x\sigma_y \\ \rho\sigma_x\sigma_y & \sigma_y^2 \end{pmatrix}$$

其中 ρ 是相关系数。

$$\boldsymbol{W} = \frac{1}{1-\rho^2}\begin{pmatrix} \sigma_x^{-2} & -\rho/(\sigma_x\sigma_y) \\ -\rho/(\sigma_x\sigma_y) & \sigma_y^{-2} \end{pmatrix}$$

$$f(x,y)\,\mathrm{d}x\mathrm{d}y = \frac{1}{2\pi\sigma_x\sigma_y\sqrt{1-\rho^2}}\exp\left[-\frac{z^2}{2(1-\rho^2)}\right]\mathrm{d}x\mathrm{d}y$$

$$z^2 = \frac{(x-\mu_x)^2}{\sigma_x^2} - 2\frac{\rho(x-\mu_x)(y-\mu_y)}{\sigma_x\sigma_y} + \frac{(y-\mu_y)^2}{\sigma_y^2}$$

二元高斯 $\rho = 0.8$

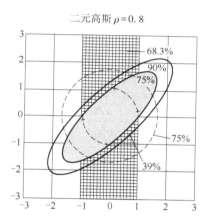

标准正态分布:

$$\mu_x = \mu_y = 0; \quad \sigma_x = \sigma_y = 1$$

$r^2 = x^2 - 2\rho xy + y^2$ 为椭圆方程,如果 $\rho > 0$,椭圆在 $+45°$,如果 $\rho < 0$,椭圆在 $-45°$。长半轴 $a = r/\sqrt{1-|\rho|}$;短半轴 $b = r/\sqrt{1+|\rho|}$。在椭圆上积分的累积概率为 $1-\exp\left[-\frac{1}{2}r^2/(1-\rho^2)\right]$。

边缘分布: $f_x(x) = (\sigma_x\sqrt{2\pi})^{-1}\exp\left[-\frac{1}{2}((x-\mu_x)/\sigma_x)^2\right]$

条件分布:

$$f(x\mid y) = \frac{1}{\sigma_x\sqrt{2\pi(1-\rho^2)}}\exp\left[-\frac{\{x-\mu_x-\rho(\sigma_x/\sigma_y)(y-\mu_y)\}^2}{2\sigma_x^2(1-\rho^2)}\right]$$

条件期望:

$$E(x\mid y) = \mu_x + \rho(\sigma_x/\sigma_y)(y-\mu_y)$$

大于等于 1 ∈ n 个样本落在区间以外的概率

n 个样本（独立的，正态分布的）中至少有一个落在区间（$\mu-d$，$\mu+d$）外的概率（双侧）：

$$P\{\geq 1; n, d\} = 1 - \left[1 - 2F(-d/\sigma)\right]^n$$

$n\downarrow$	$d/\sigma\rightarrow 1.5$	2	2.5	3	3.5	4
1	0.134	<u>0.046</u>	0.012	0.0027	4.7e-4	6.3e-5
2	0.249	0.089	0.025	0.0054	9.3e-4	1.3e-4
3	0.350	0.130	0.037	0.0081	0.0014	1.9e-4
4	0.437	0.170	<u>0.049</u>	0.0108	0.0019	2.5e-4
5	0.512	0.208	0.061	0.0134	0.0023	3.2e-4
6	0.577	0.244	0.072	0.0161	0.0028	3.8e-4
7	0.634	0.278	0.084	0.0187	0.0033	4.4e-4
8	0.683	0.311	0.095	0.0214	0.0037	5.1e-4
9	0.725	0.342	0.106	0.0240	0.0042	5.7e-4
10	0.762	0.372	0.117	0.0267	0.0046	6.3e-4
12	0.821	0.428	0.139	0.0319	0.0056	7.6e-4
15	0.884	0.503	0.171	<u>0.0397</u>	0.0070	9.5e-4
20	0.943	0.606	0.221	0.0526	0.0093	0.0013
25	0.972	0.688	0.268	0.0654	0.0116	0.0016
30	0.986	0.753	0.313	0.0779	0.0139	0.0019
40	0.997	0.845	0.393	0.102	0.0184	0.0025
50	0.999	0.903	0.465	0.126	0.0230	0.0032
70	1.000	0.962	0.583	0.172	0.0321	0.0044

$n\downarrow$	$d/\sigma\rightarrow 1.5$	2	2.5	3	3.5	4
100	1.000	0.991	0.713	0.237	<u>0.0455</u>	0.0063
150	1.000	0.999	0.847	0.333	0.0674	0.0095
200	1.000	1.000	0.918	0.418	0.0889	0.0126
300	1.000	1.000	0.976	0.556	0.130	0.0188
400	1.000	1.000	0.993	0.661	0.167	0.0250
500	1.000	1.000	0.998	0.741	0.208	0.0312

注：下画线表示5%水平。

大于等于 $1\in n$ 个样本超过某个值的概率

n 个样本（独立的、正态分布的）中至少有一个 $>\mu-d$ （或者… $<\mu+d$ ）的概率（单侧）：

$$P\{\geqslant 1;n,d\}=1-\left[1-F(-d/\sigma)\right]^{n}$$

$n\downarrow$	$d/\sigma\rightarrow 1.5$	2	2.5	3	3.5	4
1	0.067	0.023	0.0062	0.0014	2.3e-4	3.2e-5
2	0.129	<u>0.045</u>	0.012	0.0027	4.7e-4	6.3e-5
3	0.187	0.067	0.019	0.0040	6.9e-4	9.5e-5
4	0.242	0.088	0.025	0.0054	9.3e-4	1.3e-5
5	0.292	0.109	0.031	0.0067	0.0012	1.6e-4
6	0.340	0.129	0.037	0.0081	0.0014	1.9e-4
7	0.384	0.149	0.043	0.0094	0.0016	2.2e-4
8	0.425	0.168	<u>0.049</u>	0.011	0.0019	2.5e-4
9	0.463	0.187	0.055	0.012	0.0021	2.9e-4

（续）

$n\downarrow$	$d/\sigma\rightarrow1.5$	2	2.5	3	3.5	4
10	0.499	0.206	0.060	0.013	0.0023	3.2e-4
12	0.564	0.241	0.072	0.016	0.0028	3.8e-4
15	0.646	0.292	0.089	0.020	0.0035	4.8e-4
20	0.749	0.369	0.117	0.027	0.0046	6.3e-4
25	0.823	0.438	0.144	0.033	0.0058	7.9e-4
30	0.874	0.499	0.170	<u>0.038</u>	0.0070	9.5e-4
40	0.937	0.602	0.221	0.053	0.0093	0.0013
50	0.968	0.684	0.268	0.065	0.012	0.0016
70	0.992	0.800	0.353	0.090	0.016	0.0022
100	0.999	0.900	0.464	0.126	0.023	0.0032
150	1.000	0.968	0.607	0.183	0.034	0.0047
200	1.000	0.990	0.712	0.237	<u>0.045</u>	0.0063
300	1.000	0.999	0.846	0.333	0.067	0.0095
400	1.000	1.000	0.917	0.417	0.089	0.0126
500	1.000	1.000	0.956	0.491	0.110	0.0157

注：下画线表示5%水平。

5. 物理常数

（括号里的是标准偏差）

（真空）光速　　　　　　　　$c=299792458\text{m/s}$（精确）

真空磁导率（磁场常数）　　$\mu_0=4\pi\times10^{-7}\text{N/A}^2$（精确）

$$=1.2566370614\cdots\times10^{-6}$$

真空介电常数（电场常数）　$\varepsilon_0=1/\mu_0c^2$（精确）

$$=8.854187817\cdots\times10^{-12}\text{F/m}$$

自由空间本征阻抗 $\qquad Z_0 = \sqrt{\mu_0/\varepsilon_0} = \mu_0 c$（精确）

$$= 376.730313461\cdots\Omega$$

普朗克常量 $\qquad h = 6.62606896(33)\times10^{-34}\,\mathrm{J\cdot s}$

约化普朗克常量 $\hbar/2\pi$ $\qquad \hbar = 1.054571628(53)\times10^{-34}\,\mathrm{J\cdot s}$

万有引力常数 $\qquad G = 6.67428(67)\times10^{-11}\,\mathrm{m^3\cdot kg^{-1}\cdot s^{-2}}$

基本电荷量 $\qquad e = 1.602176487(40)\times10^{-19}\,\mathrm{C}$

电子质量 $\qquad m_e = 9.10938215(45)\times10^{-31}\,\mathrm{kg}$

质子质量 $\qquad m_p = 1.672621637(83)\times10^{-27}\,\mathrm{kg}$

$$= 1.00727646677(10)\,\mathrm{u}$$

m_e/m_p $\qquad = 5.4461702177(24)\times10^{-4}$

原子质量常数 $\qquad u = 1.660538782(83)\times10^{-27}\,\mathrm{kg}$

阿伏伽德罗常数 $\qquad N_A = 6.02214179(30)\times10^{23}\,\mathrm{mol^{-1}}$

玻尔兹曼常量 $\qquad k = 1.3806504(24)\times10^{-23}\,\mathrm{J/K}$

普适气体常数 kN_A $\qquad R = 8.314472(15)\,\mathrm{J\cdot mol^{-1}\cdot K^{-1}}$

摩尔体积 $\qquad V_m = 22.71098(40)\times10^{-3}\,\mathrm{m^3/mol}$

（理想气体 $T = 273.15\mathrm{K}$，$p = 100\mathrm{kPa}$）

法拉第常数 eN_A $\qquad F = 96485.3399(24)\,\mathrm{C/mol}$

波尔半径 $a_0 = h/(m_e c\alpha) = 10^7(\hbar/ce)^2/m_e$

$$a_0 = 5.2917720859(36)\times10^{-11}\,\mathrm{m}$$

波尔磁子 $\mu_B = e\hbar/2m_e$ $\qquad \mu_B = 9.27400915(23)\times10^{-24}\,\mathrm{J/T}$

核磁子 $\qquad \mu_N = 5.05078324(13)\times10^{-27}\,\mathrm{J/T}$

磁矩电子 $\qquad \mu_e = -9.28476377(23)\times10^{-24}\,\mathrm{J/T}$

磁矩质子 $\qquad \mu_p = 1.410606662(37)\times10^{-26}\,\mathrm{J/T}$

g 因子电子 $\qquad g_e = -2.0023193043622(15)$

g 因子质子 $\qquad g_p = 5.585694713(46)$

精细结构常数 $\qquad \alpha = 7.2973525376(50)\times10^{-3}$

$\alpha^{-1} = 4\pi\varepsilon_0\hbar c/e^2$ $\qquad \alpha^{-1} = 137.035999679(94)$

质子磁旋比 $\qquad \gamma_p = 2.675222099(70)\times10^8\,\mathrm{s^{-1}\cdot T^{-1}}$

$$\gamma_p/2\pi = 42.5774821(11)\,\mathrm{MHz/T}$$

电导量子 $G_0 = 7.7480917004(53) \times 10^{-5}\,\text{S}$

约瑟夫逊常数 $K_J = 4.83597891(12) \times 10^{14}\,\text{Hz/V}$

量子磁通量 $\Phi_0 = 2.067833667(52) \times 10^{-15}\,\text{Wb}$

$G_0 = 2e^2/h$；$K_J = 2e/h$；$\Phi_0 = h/2e$

斯特藩-玻尔兹曼常数 $\sigma = 5.670400(40) \times 10^{-8}\,\text{W} \cdot \text{m}^{-2} \cdot \text{K}^{-4}$

$\pi^2 k^4/(60\hbar^3 c^2)$；$U = \sigma T^4$（黑体辐射）

里德伯常数 $R_\infty = 10973731,568527(73)\,\text{m}^{-1}$

$\alpha^2 m_e c/2h$

中子（n）、氘子（d）和 μ 子（μ）的质量

n：$1.674927211(84) \times 10^{-27}\,\text{kg} = 1.00866491597(43)\,\text{u}$

d：$3.34358320(17) \times 10^{-27}\,\text{kg} = 2.013553212724(78)\,\text{u}$

μ：$1.88353130(11) \times 10^{-28}\,\text{kg} = 0.1134289256(29)\,\text{u}$

相对标准偏差

g_e	7.4×10^{-13}	g_p	8.2×10^{-9}
R_∞	6.6×10^{-12}	e，K_J，Φ_0	2.5×10^{-8}
m_d/u	3.9×10^{-11}	h，N_A，u，m_e，	
m_p/u	1.0×10^{-10}	m_p，m_d，m_n	5.0×10^{-8}
m_e/u，m_n/u，		k，R，V_m	1.7×10^{-6}
m_e/m_p	4.2×10^{-10}	σ（Stefan-B.）	7.0×10^{-6}
α，a_0，G_0	6.8×10^{-10}	G	1.0×10^{-4}

导出量的精度

如果 y_k 为物理量 x_i 幂次的乘积，即

$$y_k = a_k \prod_{i=1}^{N} x_i^{p_{ki}} \quad (a_k\,\text{是常数})$$

则

$$\varepsilon_k^2 = \sum_{i=1}^{N} p_{ki}^2 \varepsilon_i^2 + 2 \sum_{j<i}^{N} p_{ki} p_{kj} r_{ij} \varepsilon_i \varepsilon_j$$

其中 $\varepsilon_k^2 =$ 相对标准偏差，$r_{ij} = i$ 与 j 的相关系数（r：见网站）。

CODATA 2006 http://physics. nist. gov/cuu/constants/

6. 概率分布

一维连续概率函数

x 是区域 D 上的一个实变量，概率密度函数（pdf）$p(x)$ 是实函数，且 $p(x) \geq 0$。$p(x)\mathrm{d}x$ 表示样本 X 落在区间 $(x, x+\mathrm{d}x)$ 上的概率。

$p(x)$ 具有规范性：$\int_D p(x)\mathrm{d}x = 1$（如果 $p(x)$ 不具有规范性，则称为反常 pdf）。

$p(x)$ 取最大时的 x 值，称为众数。

函数 $g(x)$ 在 pdf $p(x)$ 上的期望或者期望值定义为

$$E[g(x)] \overset{\mathrm{def}}{=} \int_D g(x)p(x)\mathrm{d}x$$

均值：$\mu = E(x)$

方差：$\sigma^2 = E[(x-\mu)^2]$

标准偏差（std）σ：方差的平方根

n 阶矩：$\mu_n \overset{\mathrm{def}}{=} E(x^n)$

n 阶中心矩：$\mu_n^c \overset{\mathrm{def}}{=} E[(x-\mu)^n]$

偏度：$E[(x-\mu)^3/\sigma^3]$

峰度：$E[(x-\mu)^4/\sigma^4]$

超量：峰度-3

特征函数 $\Phi(t)$：

$$\Phi(t) \overset{\mathrm{def}}{=} E(\mathrm{e}^{itx}) = \int_{-\infty}^{+\infty} \mathrm{e}^{itx}p(x)\mathrm{d}x$$

$$= \sum_{n=0}^{\infty} \frac{(it)^n}{n!}E(x^n) = \sum_{n=0}^{\infty} \frac{(it)^n}{n!}\mu_n$$

$\Phi(t)$ 生成的是矩 μ_n。对特征函数在 $t=0$ 处求导也可以得到矩

$$\Phi^{(n)}(0) = \frac{\mathrm{d}^n\Phi}{\mathrm{d}t^n}\bigg|_{t=0} = \mathrm{i}^n\mu_n$$

特例：$\mu_2 = \sigma^2 + \mu^2 = -(\mathrm{d}^2\Phi(t)/\mathrm{d}t^2)_{x=0}$

累积分布函数（cdf）$P(x)$：

$$P(x) \stackrel{\text{def}}{=} \int_a^x p(x')\,\mathrm{d}x'$$

其中 a 是 x 区域的下限（一般是 $-\infty$）。$P(x)$ 是一个关于 x 的单调不减函数，取值范围为从 0 到 1。$P(x) = 0.5$ 时的 x 值为中位数；$P(x) = 0.25$ 时的 x 值为第一四分位数；$P(x) = 0.75$ 时的 x 值为第三四分位数；$P(x) = 0.01n$ 时的 x 值为第 n 百分位数。

生存函数（sf）：$S(x) = 1 - P(x)$。

二维连续概率函数

联合概率密度函数：$p(x, y)\mathrm{d}x\mathrm{d}y$ 表示的是一个样本对 (X, Y) 中的 X 位于区间 $(x, x+\mathrm{d}x)$ 上且 Y 位于区间 $(y, y+\mathrm{d}y)$ 上的概率。$p(x, y) \geqslant 0$；$\int p(x, y)\mathrm{d}x\mathrm{d}y = 1$。

条件概率密度函数：$p(x \mid y)\mathrm{d}x$（给定 y 的条件下 x 的 p）表示的是一个样本对 (X, Y) 中，当 Y 的取值为 y 时，样本 X 落在区间 $(x, x+\mathrm{d}x)$ 上的概率。

边缘概率密度函数：$p_x(x) = \int p(x, y)\mathrm{d}y$ 表示的是一个样本对 (X, Y) 中，样本 X 落在区间 $(x, x+\mathrm{d}x)$ 上的概率，与 Y 的取值无关。

$$p(x \mid y) = p(x, y)/p_y(y)$$

$$p(x, y) = p_x(x)p(y \mid x) = p_y(y)p(x \mid y)$$

如果 x，y 相互独立，$p(x \mid y) = p_x(x)$

如果 x，y 相互独立，$p(x, y) = p_x(x)p_y(y)$

$g(x, y)$ 的期望：$E[g(x, y)] = \int \mathrm{d}x \int \mathrm{d}y\, g(x, y)p(x, y)$

x 的均值：μ_x 为期望 $E(x) = \int \mathrm{d}x \int \mathrm{d}y\, x p(x, y) = \int x p_x(x)\,\mathrm{d}x$

x 的方差：$\sigma_x^2 = C_{xx} = E[(x - \mu_x)^2]$

x，y 的协方差：$C_{xy} = E[(x - \mu_x)(y - \mu_y)] = \int \mathrm{d}x \int \mathrm{d}y (x - \mu_x)$ $(y - \mu_y)p(x, y)$

x, y 之间的相关系数: $\rho_{xy} = C_{xy}/(\sigma_x \sigma_y)$

相关矩阵: $C = E(xx^T)$ (X 为与均值偏差的列向量)

7. 学生 t 分布

学生 t 分布的概念

令 X 为正态分布变量,期望为 0,方差为 σ^2;Y^2/σ^2 是一个独立的卡方分布变量,自由度为 ν。则 $t = \dfrac{X\sqrt{\nu}}{Y}$ 服从自由度为 ν 的学生 t 分布 $f(t \mid \nu)$,不依赖于 σ:

$$f(t \mid \nu)\,dt = \frac{1}{\sqrt{\nu\pi}} \frac{\Gamma\left[(\nu+1)/2\right]}{\Gamma(\nu/2)} \left(1 + \frac{t^2}{\nu}\right)^{-(\nu+1)/2} dt$$

应用:均值的精度

令 $x_1, x_2, \cdots, x_n$ 为 n 个来自期望为 μ 和方差为 σ^2 的未知正态分布的独立样本;令 $\langle x \rangle = \dfrac{1}{n}\sum_{i=1}^{n} x_i$; $S = \sum_{i=1}^{n}(x_i - \langle x \rangle)^2$ 且 $\hat{\sigma} = \sqrt{S/(n-1)}$,则 $t = \left[(\langle x \rangle - \mu)\sqrt{n}\right]/\hat{\sigma}$ 服从自由度为 $\nu = n-1$ 的学生 t 分布。σ 的最优估计为 $\hat{\sigma}$。如果 σ 已知,则 $\langle x \rangle$ 服从均值为 μ 且方差为 σ^2/n 的正态分布,$\chi^2 = S/\sigma^2$ 服从自由度为 $\nu = n-1$ 的卡方分布。

性质和矩

f 是对称的:$f(-t) = f(t)$; 均值 = 0

方差 $\sigma^2 = \nu/(\nu-2)$ $(\nu>2)$;"偏度" $\gamma_1 = 0$

"超量" $\gamma_2 = E(t^4)/\sigma^4 - 3 = 6/(\nu-4)$

$$\lim_{\nu \to \infty} f(t \mid \nu) = (1/\sqrt{2\pi})\exp(-t^2/2)$$

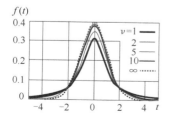

累积分布

$$F(t \mid \nu) = \int_{-\infty}^{t} f(t' \mid \nu)\,dt'$$

$$F(-t \mid \nu) = 1 - F(t \mid \nu)$$

见表 p.2

75%，90%，95%，99%以及99.5%处 t 的值

$A =$ 双侧区间 $(-t, t)$ 上的可接受水平

$F(t) =$	0.75	0.90	0.95	0.99	0.995
$F(-t) =$	0.25	0.10	0.05	0.01	0.005
A（%）	50	80	90	98	99
$\nu = 1$	1.000	3.078	6.314	31.821	63.657
2	0.816	1.886	2.920	6.965	9.925
3	0.765	1.638	2.353	4.541	5.841
4	0.741	1.533	2.132	3.747	4.604
5	0.727	1.467	2.015	3.365	4.032
6	0.718	1.440	1.943	3.143	3.707
7	0.711	1.415	1.895	2.998	3.499
8	0.706	1.397	1.860	2.896	3.355
9	0.703	1.383	1.833	2.821	3.250
10	0.700	1.372	1.812	2.764	1.169
11	0.697	1.363	1.796	2.718	3.106
12	0.695	1.356	1.782	2.681	3.055
13	0.694	1.350	1.771	2.650	3.012
14	0.692	1.345	1.761	2.624	2.977
15	0.691	1.341	1.753	2.602	2.947
20	0.687	1.325	1.725	2.528	2.845
25	0.684	1.316	1.708	2.485	2.787

（续）

$F(t)=$	0.75	0.90	0.95	0.99	0.995
$F(-t)=$	0.25	0.10	0.05	0.01	0.005
A（%）	50	80	90	98	99
30	0.683	1.310	1.697	2.457	2.750
40	0.681	1.303	1.684	2.423	2.704
50	0.679	1.299	1.676	2.403	2.678
60	0.697	1.296	1.671	2.390	2.660
70	0.678	1.294	1.667	2.381	2.648
80	0.678	1.292	1.664	2.374	2.639
100	0.677	1.290	1.660	2.364	2.626
∞	0.674	1.282	1.645	2.326	2.576

图书在版编目（CIP）数据

大学生理工专题导读. 数据与误差分析/（美）赫尔曼·J. C. 贝伦森（Herman J. C. Berendsen）著；李亚玲，夏爱生，夏军剑译. —北京：机械工业出版社，2023. 6

书名原文：A Student's Guide to Data and Error Analysis

ISBN 978-7-111-72755-2

Ⅰ.①大…　Ⅱ.①赫…　②李…　③夏…　④夏…　Ⅲ.①数据处理 ②误差分析　Ⅳ.①O ②TP274

中国国家版本馆 CIP 数据核字（2023）第 039130 号

机械工业出版社（北京市百万庄大街 22 号　邮政编码 100037）
策划编辑：汤　嘉　　　　　　责任编辑：汤　嘉　李　乐
责任校对：史静怡　何　洋　　封面设计：张　静
责任印制：单爱军
北京虎彩文化传播有限公司印刷
2023 年 6 月第 1 版第 1 次印刷
148mm×210mm · 6. 75 印张 · 192 千字
标准书号：ISBN 978-7-111-72755-2
定价：49. 80 元

电话服务　　　　　　　　　　网络服务
客服电话：010-88361066　　机　工　官　网：www.cmpbook.com
　　　　　010-88379833　　机　工　官　博：weibo.com/cmp1952
　　　　　010-68326294　　金　书　网：www.golden-book.com
封底无防伪标均为盗版　　　机工教育服务网：www.cmpedu.com